ESSAIS

DE

PALÉOCONCHOLOGIE
COMPARÉE

Par M. COSSMANN

SIXIÈME LIVRAISON
(Juillet 1904)

PARIS

CHEZ L'AUTEUR | F. R. DE RUDEVAL
95, rue de Maubeuge (x^e) | 4, rue Antoine Dubois, 4

1904

ESSAIS

DE

PALÉOCONCHOLOGIE COMPARÉE

OUVRAGES DU MÊME AUTEUR

ESSAIS

DE

PALÉOCONCHOLOGIE

COMPARÉE

Par M. COSSMANN

SIXIÈME LIVRAISON

(Juillet 1904)

PARIS

CHEZ L'AUTEUR | F. R. DE RUDEVAL
95, rue de Maubeuge (x‛) | 4, rue Antoine-Dubois, 4

1904

STROMBIDÆ Swainson, 1840 [1]

Coquille imperforée, solide ; spire turriculée [à protoconque obtuse] ; labre plus ou moins dilaté, ailé, simple et digité, portant près de la base une échancrure ou un sinus plus ou moins large, et par laquelle l'animal fait sortir sa tête ; ouverture canaliculée [ou plus exactement rostrée] en avant [l'échancrure basale étant toujours adjacente au rostre, latéralement et non pas à l'extrémité de ce rostre] ; gouttière postérieure plus ou mois prolongée sur la spire, entre les extrémités du labre et de la callosité columellaire] ; columelle simple, calleuse [peu incurvée]. Opercule petit, corné, unguiculé, à nucléus apical.

Diagnose empruntée au Manuel de Fischer, complétée par les termes entre crochets.

Observ. — Cette Famille et la suivante (*Aporrhaidæ*) forment un lien naturel entre les *Cypræidæ* et les *Cerithidæ* : certaines formes de *Terebellum*, en particulier *Diameza*, ressemblent beaucoup à *Neosimnia* et ont été même classées comme Ovules, tandis que *Chenopus* a une analogie incontestée avec *Cerithium*. Il n'est donc pas possible d'admettre pour les coquilles ailées, la classe spéciale *Alata* de Klein, transformée en Famille par Lamarck, Latreille et Deshayes ; le développement ailé du labre, qui est leur principal caractère apparent n'a pas une importance biologique suffisante pour justifier cette distinction de Sous-Ordre ; on le retrouve. d'ailleurs, quoique très amoindri, chez certaines formes de *Cerithidæ*, et il y a des Genres, tels qu'*Eustoma*, qu'on hésite à classer dans l'une ou l'autre des deux Familles. D'autre part, il paraît établi que l'aile des *Strombidæ* n'a pas une constance absolue : elle varie beaucoup dans un même Genre, non seulement selon l'espèce, mais même suivant l'âge de l'individu dans la même espèce. Aussi, indépendamment du caractère tout spécial du pied de l'animal, conformé pour sauter et non pour marcher, — caractère qui n'est d'aucun secours pour la Paléontologie, — je n'aperçois qu'un autre détail de structure de la coquille qui puisse servir de critérium à peu près certain pour la distinguer, c'est la position de l'échancrure basale ou du sinus qui n'est pas situé, comme chez la plupart des Siphonostomes échancrés. à l'extrémité du canal, mais à côté et à gauche, de sorte que ce canal n'a plus le même rôle de conducteur du siphon branchial, et qu'il se borne généralement à un prolonge-

[1] Voir les observations contenues dans la Préface de la cinquième et précédente livraison, publiée en Décembre 1903.

1

ment plus ou moins aigu de la columelle. c'est-à-dire à un rostre tantôt droit, tantôt incurvé, mais toujours obturé : ce critérium n'a pas été indiqué par Fischer, et Tryon paraît l'avoir aussi négligě ; mais on en trouve une indication dans les développements que M. Piette a donnés à propos de la diagnose du Genre *Alaria* (*Pal. franç.*, terr. jur., III), et dans lesquels il assimile la digitation du canal à celles de l'aile, c'est-à-dire qu'il lui attribue le même rôle, d'importance secondaire, servant à protéger les expansions ou lanières du manteau de l'animal. En définitive, chez les *Strombidæ*, le canal est remplacé par un sinus à la partie antérieure du labre, et ce qu'on prend pour un canal à l'extrémité de la columelle, est simplement une digitation située à droite du siphon branchial, tandis que les autres digitations, quand il y en a, sont situés à gauche de ce siphon, la droite et la gauche étant prises en regardant, comme toujours, la coquille avec le spire en bas et du côté de l'ouverture.

Il ne paraît pas utile ni possible de diviser cette Famille en Sous-Familles : si, en principe, *Strombus* est bien différent de *Rostellaria*, de sorte qu'on pourrait être tenté de prendre chacun de ces deux Genres comme type d'un groupe distinct, il se trouve, d'autre part, qu'il y a des Genres intermédiaires, tels que *Rimella*, par exemple, qui participent à la fois aux caractères de ces deux groupes, ou d'autres qui ne s'y rattachent que très indirectement, comme *Terebellum*. On a déjà demembré la Famille *Aporrhaidæ* des *Strombidæ*, et certains auteurs (Tryon entr'autres) pensent même qu'on pourrait se borner à n'en faire qu'une Sous-Famille *Aporrhainæ* ; je donnerai ci-après les motifs qui m'ont décidé à adopter plutôt l'opinion de Fischer sur ce point, mais je n'irai pas audelà dans la voie des subdivisions.

Au point de vue de l'ancienneté, la Famille *Strombidæ* ne remonte guère audelà du Tertiaire, sauf deux exceptions crétaciques pour les Genres *Pugnellus* et *Calyptrophorus*, dont le premier a même apparu dans le Cénomanien. Tous les autres prétendus *Strombus* et *Pterocera* mésozoïques, ne sont que des *Aporrhaidæ* sans sinus basal. On peut en conclure que ces derniers sont les véritables ancêtres de *Strombus* et de *Rostellaria*, et qu'ils ont presque tous disparu à l'époque où ceux-ci ont commencé à apparaître.

Quant à la phylogénie du développement de l'aile des *Strombidæ*, on peut faire les remarques suivantes : dès le début, c'est-à-dire à la base de l'Éocène, l'aile se présente avec toute son expansion, affectant des formes analogues à celle de l'aile de certains *Aporrhaidæ* mésozoïques, et que l'on ne trouve plus ensuite, pendant la période néogénique, ni dans les mers actuelles ; de son côté, le manteau envahit parfois, chez ces groupes éozoïques, presque toute la surface dorsale de la coquille, et il y forme des gibbosités ou des callosités bizarres dont les Strombes richement ornés des régions exotiques ne présentent aujourd'hui que des traces tout à fait dégénérées. tandis qu'au contraire les *Pugnellus* crétaciques. montraient déjà la même tendance. Il y a évidemment, pour expliquer ces différences capitales. des causes biologiques dont la nature nous échappe, mais qui justifient amplement la séparation générique que les conchyliologistes ont faite, depuis longtemps, entre ces premiers représentants et leurs descendants, et qui expliquent d'autre part comment les *Strombidæ* descendent des *Aporrhaidæ*.

Tableau des Genres, Sous-Genres et Sections

STROMBUS (Aile dilatée, rostre court, tronqué).	Strombus (Sinus basal)	*Strombus* (Aile non adhérente en arrière)
		Monodactylus (Aile digitée, plus ou moins adhérente)
		(A) Euprotomus (Aile laciniée, adhérente en arrière)
		Gallinula (Aile un peu adhérente, forme élancée)
		Canarium (Aile non adhérente, troncature basale)
		(B) Conomurex (Aile rudimentaire, forme conique)
	Dilatilabrum (Sinus presque nul)	*Dilatilabrum* (Aile fortement carénée, spire courte)
OOSTROMBUS (Aile peu dilatée, rostre droit, un peu long)	Oostrombus (Sinus presque nul)	*Oostrombus* (Dernier tour gibbeux)
PEREIRAIA (Aile rétrocurrente, rostre aigu)	Pereiraia (Sinus peu échancré)	*Pereiraia* (Spire garnie d'épines tubulées)
PTEROCERA (Aile digitée, rostre long, courbé)	Pterocera (Sept digitations, columelle lisse)	**(C) Pterocera** (Digitation postérieure adhérente)
	Millepes (Six à douze digitations, col. ridée)	**(D) Millepes** (Digitation postérieure un peu adhérente)
	Harpago (Six digitations, colum. ridée)	**(E) Harpago** (Digitation postérieure en croix sur l'axe)
ROSTELLARIA (Aile variable, rostre aigu, sinus adjacent)	Rostellaria (Gouttière peu prolongée)	*Rostellaria* (Aile dentée, spire lisse ou sillonnée)
		Sulcogladius (Aile subdentée, spire funiculée et carénée)
		Amplogladius (Aile non dentée, spire lisse)
	Hippocrene (Gouttière prolongée au sommet)	*Hippocrene* (Aile très dilatée, spire lisse)
		Wateletia (Aile digitée, spire noduleuse)
	Calyptrophorus (Gouttière prolongée sur le dos)	*Calyptrophorus* (Aile courte, spire tuberculeuse et vernissée)
		Semiterebellum (Aile nulle, spire lisse, non vernissée)

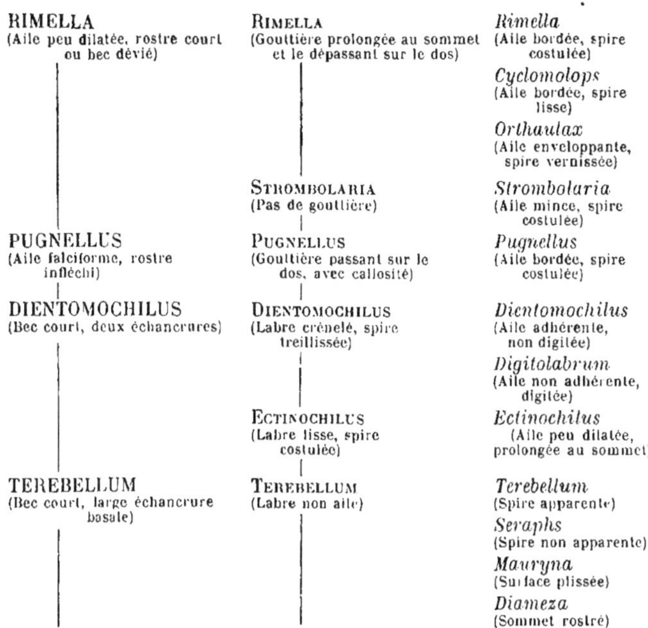

Genres, Sous-Genres et Sections non connus à l'état fossile

(A). EUPROTOMUS, Gill, 1869 (*em. sec.* Tryon, 1883). — Type : *S. laciniatus* Chemn. Coquille fusiforme, à spire ornée ; aile adhérente jusqu'au sommet, à bord lacinié ou festonné ; petit sinus basal, arrondi et profond ; columelle bombée en arrière, peu infléchie en avant ; rostre un peu allongé, presque droit, rétréci et latéralement échancré. Quelques espèces dans l'Océan indien et la Polynésie, d'après le Manuel de Tryon.

(B). CONOMUREX, Bayle, 1884 (*in* Fischer). — Type : *S. luhuanus* Lin. Coquille coniforme, à spire courte, à rostre tronqué et échancré ; aile non dilatée, contractée vers l'ouverture ; sinus basal peu profond ; columelle rectiligne, bord columellaire à peine visible. Deux espèces, d'après le Manuel de Tryon.

(C). PTEROCERA, Lamk. 1799 (= *Heptadactylus*, Klein 1753 : *fide* Mörch, 1852). — Type : *S. lambis* Lin. Forme ovale-oblongue, à spire stromboïdale ; ouverture étroite ; aile dilatée, avec un sinus basal, garni de sept digitations rayonnantes l'antérieure recourbée à gauche, la postérieure appliquée contre la spire et la dépassant. On verra ci-après que les coquilles fossiles, improprement rapportées à ce Genre, sont dépourvues de sinus et doivent être classées, pour la plupart, dans la Famille *Aporrhaidæ*. Le nom *Heptadactylus*, quoique antérieur en fait, n'ayant été appliqué dans le sens binominal qu'en 1852, ou au plus tôt en 1845, dans l'*Indicis* d'Herrmannsen, il y a lieu d'adopter *Pterocera*, bien décrit par Lamarck. Trois espèces, dans l'Océan indien, d'après Tryon.

(D). Millepes, Klein, 1753 (*fide* Mörch, 1852). — Type : *S. scorpio*, Lin. Cette Section diffère de *Pterocera* par trois caractères : le nombre des digitations qui varie de huit à douze, les bords de l'ouverture qui sont ridés, et le rostre antérieur qui est à peine courbé. Cinq espèces dans l'Océan indien, d'après le Manuel de Tryon.

(E). Harpago, Klein, 1753 (*fide* Herrmannsen, 1845). — Type : *S. chiragra* Lin. Ce Sous-Genre ne comprend que deux espèces vivantes, de l'Océan indien, caractérisées par leur forme plus globuleuse, avec six digitations rayonnant dans tous les sens, l'antérieure recourbée à droite, la postérieure croisant transversalement la spire. Il semble que ces faibles différences ne devraient pas motiver la séparation d'une Section : toutefois, comme il ne s'agit pas de formes fossiles, je m'abstiens de supprimer *Harpago*.

STROMBUS, Linné, 1758.

Coquille massive, à spire plus ou moins longue, tuberculeuse ou épineuse, quelquefois lisse ; ouverture longue, obtusément échancrée à la base ; labre épais, dilaté, lobé ou digité en arrière, muni à la base d'un sinus plus ou moins profond ; columelle presque rectiligne, tout à fait lisse. Opercule grêle, unguiculé, à bord denté ou rugueux.

Strombus, *sensu stricto*.   Type : *S. gigas*, Lin. Viv.

Test épais. Taille parfois géante ; forme trapue, conique ; spire généralement peu allongée, tantôt épineuse, tantôt lisse ; tours convexes, souvent bordés à la suture ; dernier tour variant entre les deux tiers et les trois quarts de la hauteur totale, anguleux, noduleux ou bossué en arrière, à base ovale, un peu excavée vers le cou qui porte souvent un assez gros bourrelet. Ouverture allongée, à bords presque parallèles, avec une étroite gouttière postérieure qui n'atteint pas la suture de l'avant-dernier tour, terminée en avant par un rostre largement tronqué et latéralement échancré pour le passage du siphon ; labre très dilaté, épais, souvent plissé à l'intérieur, peu adhérent à la spire du côté postérieur, muni à cette extrémité d'un lobe non digité et plus ou moins saillant ; sinus antérieur étroit, peu profond, se réduisant quelquefois à une dénivellation versante du bord ; columelle légèrement excavée en arrière, bombée en avant, à peine infléchie avec le rostre, quelquefois plissée à cette extrémité comme le bord opposé ; bord columellaire mince, vernissé, largement étalé sur la région pariétale et sur la base, mal limité, sauf sur la région ombilicale où il est bien distinct du bourrelet.

Diagnose complétée d'après l'espèce-type, et d'après un plésiotype de l'Oligo-cène supérieur de Chipola (Floride) : *S. Aldrichi* Dall (Pl. 1, fig. 9), ma coll. ; plésiotype fossile du groupe lisse : *S. karikalensis* Cossm., du Pliocène de Karikal (Pl. I, fig. 4-5), coll. Bonnet.

Observ. — Si l'on comprend dans le Genre *Strombus s. s.*, les coquilles à aile dilatée, non adhérente à la spire, ni digitée, en y réunissant non seulement les formes épineuses et massives, analogues à *S. gigas*, mais aussi celles qui sont un peu plus élancées et lisses, comme *S. canarium* Lin. et *S. Isabella* Lamk., on est nécessairement obligé de donner à la diagnose un texte un peu plus vague et moins précis, comme je l'ai fait ci-dessus. Le plésiotype fossile de Karikal, — que j'ai fait figurer précisément pour qu'on pût apprécier la dif-férence d'aspect des deux groupes, — appartient à ce second groupe lisse, qui ne paraît guère ressembler à *S. gigas*, et qui cependant, par les caractères de l'aile et de l'ouverture, c'est-à-dire par les critériums sous-génériques ou sec-tionnels, ne peut en être séparé ; comme il existe des formes intermédiaires en-tre les deux groupes dans les mers actuelles, il ne paraît pas possible d'admettre une Section distincte dans ce Genre, pour comprendre les espèces dont la sur-face n'est pas aussi ornée que celle du type, et je préfère me restreindre aux critériums que j'ai choisis, pour la limitation desquels on éprouve déjà de réelles hésitations, ainsi qu'on le verra ci-après, à propos de la Section *Monodac tylus*.

Répart. stratigr.

EOCÈNE. — Une espèce à aile un peu adhérente à la spire, dans le Nummulitique de l'Inde: *S. nodosus* (¹) Sow., d'après la Monographie de d'Archiac: Une autre espèce dans le Jacksonien du Mississipi: *S. albirupianus* Dall, d'après la Monographie de cet auteur (Tert. Flor., p. 174, pl. XII, fig. 2 et 10).

OLIGOCÈNE. — Outre le plésiotype de la Floride ci-dessus figuré, une autre espèce voisine de *S. pugilis*, dans les couches inframiocéniques de la Jamaïque: *S. pugiloides* Guppy, ma coll.

MIOCÈNE. — Une espèce trigone et carénée, subdigitée en arrière comme *Monodactylus*: *S. coronatus* Defr., dans l'Helvétien de la Touraine (coll. Dumas); la même, dans le Bassin de Vienne, d'après Hœrnes et Auinger. Une espèce typique, encore vivante, dans les couches de Saint-Domingue: *S. pugilis* Lin. d'après M. Dall (*loc. cit.* p. 177). Une autre espèce, du groupe lisse, dans l'Australie du Sud: *S. denticostatus* Geo. Harris (Australasian, p. 217. pl. VI fig. 8).

PLIOCÈNE. — Le plésiotype ci-dessus figuré, à surface lisse et bossuée par des nodosités obtuses, dans les couches néogéniques de Karikal, coll. Bonnet (*Journ. Conch.* 1903). Plusieurs espèces dans les gisements de Java: *S. sedanensis, rembangensis, Fennemai* Martin, d'après la Monographie de cet auteur. Deux espèces dans le Plaisancien et dans l'Astien des Alpes Maritimes, d'Italie et de la Catalogne: *S. coronatus* Defr., ma coll., *S. Mercati* Desh., d'après M. Sacco. Une espèce vivante, déja citée du Miocène, dans les couches néogéniques de Costa Rica: *S. pugilis* Lin., d'après M. Dall (*loc. cit.*).

PLEISTOCÈNE. — L'espèce vivante précitée (*S. pugilis*), dans les couches récentes de la Caroline du Sud, d'après M Dall (*loc. cit.*).

ÉPOQUE ACTUELLE. — Plusieurs espèces aux Antilles, sur les côtes du Brésil et du Sénégal, et une seule (*S. canarium* Lin.) dans l'Océan indien, d'après le Manuel de Tryon.

MONODACTYLUS, Klein, 1753.   Type: *Strombus gallus*, Lin. Viv. (*non* Lacépède, *Pisc.* 1800; *nec* Merr. *Rept.* 1820).

Taille grande; forme massive; spire assez courte, à galbe extraconique; tours étroits, munis d'un angle tuberculeux du côté antérieur excavés au-dessous de cet angle et au-dessus de la suture; dernier tour dépassant parfois les quatre cinquièmes de la hauteur totale,

---

(1) Dénomination préemployée par Borson (1820), à changer en **S. Sowerbyi,** *nobis.*

garni d'une couronne de tubercules très saillants et presque épineux
à la partie postérieure, à base conique, ornée de gros cordons noduleux qui persistent jusque sur le gonflement obsolète du cou. Ouver-
verture assez étroite, à bords parallèles, avec une longue gouttière
postérieure, terminée en avant par une large échancrure basale, bien
disticte de la sinuosité latérale ; aile dilatée, adhérant en arrière à la
spire sur un ou deux tours, puis se détachant pour former une digitation plus ou moins longue qui dépasse généralement le sommet
de la spire ; columelle rectiligne sur presque toute sa hauteur, coudée
et déprimée du côté antérieur ; bord columellaire peu calleux, largement étalé sur la base.

Diagnose refaite d'après l'espèce-type, et d'après le moulage d'un plésiotype
du Miocène inférieur de Dax : *S. trigonus* Grat. (Pl. I, fig. 6 et 10), ma
coll.

Observ. — La dénomination *Monodactylus* reprise par certains auteurs, par
exemple par Fischer, n'a été employée dans un sens binominal que vers 1847,
par Herrmannsen ; par conséquent, elle est postérieure à l'emploi que Lacépède
en a fait pour un Genre de Poissons. D'autre part, on peut se demander si
Lacépède n'a pas lui-même commis un double emploi en appliquant *Monodactylus* après Klein ; plusieurs noms de Genres de Mollusques, notamment *Cassis*
Lamk., ont été précisément rejetés pour un motif semblable. Par conséquent,
quoique la question soit discutable, il me semble qu'on doit en conclure que
Monodactylus Klein, peut être repris sans inconvénient pour *S. gallus*.

Rapp. et diff. — Cette Section est si voisine de *Strombus s. s.* que j'ai hésité
à l'en séparer ; la réunion des deux formes eût même supprimé toute discussion
sur le point de nomenclature que je viens d'élucider ci-dessus. Cependant
S. gallus peut, à la rigueur, être distingué de *S. gigas* par sa digitation saillante
en arrière et par l'adhérence de l'aile contre la spire ; mais, chez les plésiotypes
fossiles, ces différences sont évidemment moins marquées, de sorte que le doute
est permis, surtout s'il s'agit d'échantillons qui ne sont pas absolument intacts.

Répart. stratigr.
Miocène. — Le plésiotype ci-dessus figuré, dans le Burdigalien de l'Adour.
Une autre espèce dans le Bassin de Vienne : *S. Schrœkingeri*, M. Hœrnes,
d'après la monographie de R. Hœrnes et Auinger.

PLIOCÈNE. — Une espèce probable, quoique faiblement dactylée, dans les couches récentes de Java : *S. maximus* Martin, d'après la Monographie de cet auteur.

ÉPOQUE ACTUELLE. — Six ou sept espèces ou variétés, dans l'Océan indien et aux Antilles, d'après le Manuel de Tryon.

GALLINULA, Klein, 1753.   Néotype : *S. epidromis*, Lin. Viv.
(*non* Briss. 1760, *Aves*).

Taille grande ; forme mitroïde, élancée sauf l'aile ; spire assez longue, généralement costulée au sommet, puis simplement sillonnée ; tours convexes ou faiblement anguleux en avant, excavés en arrière, le dernier supérieur aux deux tiers et parfois égal aux trois quarts de la hauteur totale, obtusément anguleux en arrière, orné, sur toute sa surface, de cordons obsolètes qui sont plus visibles sur la rampe postérieure, et qui se transforment souvent en rubans plats et séparés par des rainures, surtout sur la base excavée, près du cou qui est tordu et gonflé par une sorte de bourrelet. Ouverture très allongée, avec une étroite gouttière postérieure, prolongée jusque sur l'avant-dernier tour ; rostre antérieur court et dévié vers la gauche, avec une large et profonde échancrure latérale à sa gauche ; aile généralement développée, épaisse, lisse à l'intérieur, réfléchie sur son contour, dépourvue de digitations, simplement versante du côté postérieur, adhérant à deux tours de spire, séparée du rostre antérieur par une sinuosité plus ou moins profonde, parfois sans échancrure ; columelle à peu près rectiligne sur toute son étendue, infléchie en avant avec le rostre ; bord columellaire mince et mal limité, peu étalé sur la région pariétale, se raccordant en arrière avec la callosité de la gouttière.

Diagnose refaite d'après la figure de l'espèce choisie comme néotype, et d'après un plésiotype du Pliocène de Caloosahatchie (Floride) : *S. Leydii* Heilp. (Pl. 1, fig. 2-3), ma coll.

Observ. — Tryon a rétabli avec raison cette Section omise par Fischer, et il a indiqué comme type *S. succinctus*, c'est-à-dire une autre espèce linnéenne qui a une aile exceptionnellement contractée; puisque la forme que Klein avait en vue (p. 56) ne paraît pas avoir reçu de nom spécifique, il est préférable de choisir un type qui ne soit pas particularisé; c'est pourquoi j'ai proposé ci-dessus *S. epidromis* Lin., qui a une page (p. 1211) d'antériorité sur l'autre espèce (p. 1212), et qui est en outre beaucoup mieux caractérisé. Le nom *Gallinula* a d'ailleurs été appliqué, sept ans après Klein, à un Genre d'Oiseaux; de même que pour *Monodactylus*, c'est vraisemblablement ce dernier qui fait double emploi et qui doit disparaître.

Rapp. et diff. — Cette Section se distingue: de *Strombus s. s.* par son aile adhérente à la spire, et par son galbe moins épineux, plus fusiforme; d'*Euprotomus*, par son aile non laciniée, moins prolongée en arrière sur la spire; de *Monodactylus*, par l'absence de digitation postérieure, par son rostre plus court ainsi que par son galbe moins épineux.

Répart. stratigr.

> PLIOCENE. — La grande espèce ci-dessus figurée comme plésiotype, dans les couches néogéniques de la Floride, ma coll. Une espèce probable dans les couches récentes de Java : *S. varinginensis* Martin, d'après la Monographie de cet auteur.

> EPOQUE ACTUELLE. — Espèces assez nombreuses dans l'Océan indien, les mers de Chine et du Japon, aux Philippines, mais aucun représentant sur les côtes d'Amérique, d'après le Manuel de Tryon.

CANARIUM, Schumacher, 1817.   Type : *Strombus urceus*, Lin. Viv.
(= *Strombidea*, Swainson 1840).

Taille moyenne ou assez grande ; forme fusoïde ; spire allongée, étagée, épineuse ; tours anguleux, avec des nodules sur l'angle, et quelquefois avec des varices irrégulières ; dernier tour supérieur aux deux tiers de la hauteur totale, anguleux ou épineux en arrière, atténué à la base qui porte parfois une seconde rangée de tubercules correspondante au sinus, avec un bourrelet saillant sur le cou. Ouverture longue, à bords parallèles, munie d'une étroite gouttière postérieure, largement tronquée à la place du rostre antérieur, et faiblement échancrée du côté gauche de la troncature ; labre épais, peu

dilaté, souvent plissé à l'intérieur et assez loin du bord, un peu
sinueux vers la gouttière postérieure, et ne dépassant pas l'angle de
l'avant-dernier tour ; sinus antérieur large, profondément échancré
et dénivelé sur le contour du labre ; columelle presque rectiligne,
légèrement infléchie en avant ; bord columellaire mince, peu étalé,
mal limité.

Diagnose complétée d'après l'espèce-type, et d'après un plésiotype du Burdigalien de Peloua : *S. Bonellii* Brongn. (Pl. I, fig. 8), ma coll.

Rapp. et diff. — Cette Section est évidemment très voisine de *Gallinula* ;
mais on peut, à la rigueur, l'en distinguer, non seulement parce que l'aile est
moins dilatée et ne s'étend pas aussi loin sur la spire, mais encore parce que le
rostre est plus brièvement tronqué, de sorte que, sauf le sinus latéral et l'absence de plis à la columelle, la coquille-type a un peu l'aspect de *Voluta musica*.
Toutefois, la spire n'est pas toujours couronnée d'épines, ni de nodules, ni
même ornée de côtes axiales, et les tours ne sont pas toujours anguleux : il y a,
en effet, tout un groupe d'espèces (*S. gibberulus* Lin., *S. bulbulus* Sow., etc...)
qui ont leurs tours convexes et lisses, dont le galbe est bulboïde, avec un sinus
rudimentaire ; je ne crois pas qu'on puisse les séparer de la Section *Canarium*, sans courir le risque d'émietter le Genre *Strombus* d'une manière exces-
sive, de même que je l'ai déjà observé ci-dessus (p. 6.).

Strombidea Swainson a été proposé par la même espèce-type que *Canarium*,
c'est donc une dénomination à rayer de la Nomenclature, d'après Herrmannsen.

Répart. stratigr.
    OLIGOCÈNE. — Une espèce typique dans le Tongrien de la Ligurie et dans le
        Priabonien du Vicentin : *S. radix* Brongn., ma coll.
    MIOCÈNE. — Le plésiotype ci-dessus figuré, dans le Burdigalien de l'Aquitaine
        ma coll. Une espèce très voisine, dans l'Helvétien d'Italie : *S. nodosus* Bor-
        son, avec de nombreuses variétés, d'après la Monographie de M. Sacco
        (I Moll. terz. del Piemonte, part. XIV, p. 4).
    PLIOCÈNE. — Plusieurs espèces dans les couches récentes de Java : *S. gendi-
        ganensis, unifasciatus* Martin, *S. dentatus* Lamk., d'après la Monographie
        de M. Martin.
    ÉPOQUE ACTUELLE. — Nombreuses espèces dans l'Océan indien, la Mer
        Rouge, les mers de Chine et la Polynésie, d'après le Manuel de Tryon.

DILATILABRUM, *nom. mut.*   Type : *Strombus Fortisi*, Brongn. Eoc.
(= *Oncoma*, Mayer 1876, *non* Fieb. *Hem.* 1861).

Taille grande ; forme massive, subtrigone ; spire courte, à galbe
extraconique ; tours anguleux, avec des nodules tranchants sur
l'angle qui est situé très en avant ; dernier tour formant presque
toute la coquille, muni, à sa partie inférieure, d'une forte carène
dentelée, très saillante et très tranchante, peu bombé à la base qui
est profondément excavée sous le bourrelet contourné du cou. Ouverture étroite, allongée, avec une gouttière assez profonde dans
l'angle inférieur ; rostre antérieur court, latéralement entaillé sur
le cou ; labre très dilaté, ne dépassant guère la carène inférieure, mais
se prolongeant avec elle et formant une saillie anguleuse et presque
digitée latéralement ; contour basal de l'aile à peine sinueux, sans
aucune échancrure ; columelle rectiligne, oblique, excavée et con-
tournée avec le rostre ; bord columellaire mince, assez largement
étalé, peu distinct sauf sur le bourrelet.

Diagnose établie d'après un échantillon très adulte de l'espèce-type, des calcaires noirs de Roncà (Pl. I, fig. 7), coll. de l'Ecole des Mines.

Rapp. et diff. — Je suis obligé de changer le nom de ce Sous-Genre pour
rectifier un double emploi qui ne paraît pas avoir été relevé jusqu'à présent,
mais j'ai presque hésité à lui attribuer une nouvelle dénomination, parce que
l'individu adulte de l'espèce-type ressemble beaucoup, par son galbe général, à
certains échantillons de *Monodactylus* : la carène tranchante, qui constitue la
seule différence apparente au premier abord, contribue précisément à produire
une pseudo-digitation à l'extrémité postérieure du labre ; il y a certainement
des Strombes unidigités qui, tels que le plésiotype figuré pour *Monodactylus*
(*S. trigonus* Grat.), n'ont pas une digitation beaucoup plus proéminente que
l'angle saillant du spécimen de *S. fortisi* ci-dessus décrit.
  Toutefois, il y a chez cet individu un autre caractère différentiel, moins visible
il est vrai, mais beaucoup plus important puisque c'est un critérium sous-générique de *Strombidæ*, c'est l'atténuation constante de l'échancrure basale, qui se
réduit chez *S. Fortisi*, ainsi que Fischer l'a d'ailleurs lui-même indiqué, à une
dénivellation à peine sensible du bord de l'aile. C'est pourquoi, non seulement

je conserve *Dilatilabrum* (remplaçant *Oncoma*) comme forme distincte de *Mono-dactylus*, mais encore j'en fais un Sous-Genre de *Strombus*, au lieu d'une Section, en le caractérisant par l'absence d'échancrure basale.

Répart. stratigr.

EOCENE. — L'espèce type dans le Vicentin, ma coll. ; une espèce voisine dans le même gisement et aussi dans le Nummulitique des Basses-Alpes : *S. Suessi* Bayan, ma coll. Une espèce probable dans le Parisien des environs d'Einsiedeln : *Oncoma Meneguzzoi* Mayer-Eymar, d'après cet auteur (Verst. par. Umg. Einsiedeln, p. 58, pl. IV, fig. 2).

OOSTROMBUS, Sacco, 1893.

Coquille irrégulièrement bossuée et gibbeuse ; aile peu dilatée, mince ; rostre presque droit, non échancré ; sinus basal à peine visible ; forte callosité columellaire.

OOSTROMBUS, *sens. str.*   Type : *Strombus problematicus*, Mich. Olig.

Test épais. Taille grande ; forme massive, gibbeuse, stromboïdale ; spire courte, à galbe extraconique si l'on y comprend le profil de la partie postérieure du dernier tour ; six à huit tours convexes, très étroits, séparés par des sutures linéaires et peu régulières, avec un bourrelet aplati au-dessous de la rampe inférieure de chaque tour ; surface entièrement lisse, irrégulièrement bossuée. Dernier tour égal aux cinq sixièmes de la hauteur totale, arrondi à la partie postérieure, portant une gibbosité dorsale et une autre opposée au labre, ovale à la base qui est excavée sur le cou, au-dessous d'un bourrelet oblique et obsolète. Ouverture étroite, allongée, munie d'une profonde gouttière ou rainure dans l'angle inférieur, terminée en avant par un rostre presque droit, non échancré, avec une faible dénivellation du côté gauche ; labre médiocrement épais, lisse à l'intérieur, obliquement infléchi du côté antérieur où il n'existe qu'une très faible sinuosité basale, vertical ou peu oblique au milieu, descendant en arrière sur l'avant-dernier tour ; columelle légèrement excavée sur la région pariétale, faiblement bombée au milieu, à peine infléchie en avant, lisse sur toute son étendue ; bord columellaire calleux, à contour plus ou moins sinueux, formant contre la gouttière un contre-fort gibbeux, ainsi qu'un gros bourrelet sur la région ombilicale qui est complètement close.

Diagnose complétée d'après un échantillon de l'espèce-type, provenant de l'Oligocène inférieur de la Trinité, dans le Vicentin (Pl. II, fig, 1), coll. de l'Ecole des Mines.

Rapp. et diff. — La grosse coquille que M. Sacco a prise pour type de son Sous-Genre *Oostrombus*, m'avait d'abord paru être plutôt un représentant imprévu des formes africaines, décrites par Coquand sous le nom générique *Thersitea*, et que j'ai précédemment (*Essais Pal. comp.*, T. IV, p. 22, fig. 11) placées auprès de *Clavella*, en faisant observer toutefois que quelques paléontologistes — et notamment M. Mayer-Eymar — m'avaient suggéré l'idée que c'était peut-être une espèce d'*Oncoma* (= *Dilatilabrum*). Il est incontestable, en effet, que *Oostrombus problematicus* du Vicentin, et *Thersitea ponderosa* d'Algérie, se ressemblent beaucoup et s'écartent des formes habituelles des *Strombidæ* : on n'y aperçoit aucune trace d'échancrure basale, ni même de la sinuosité qui rattache encore *S. Fortisi* à cette Famille ; en second lieu, le canal, — malheureusement tronqué sur tous les échantillons adultes des deux formes, mais bien conservé sur les jeunes *Thersitea gracilis*, — n'a guère de rapports avec le rostre ou le bec généralement court, mais latéralement échancré, qui termine en avant l'ouverture des Strombes ; enfin la callosité columellaire, — au lieu d'être mince et étalée, comme cela a invariablement lieu chez *Strombus*, — forme des amas calleux dont la trace gibbeuse existe en plusieurs points sur le dernier tour. D'autre part, *O. problematicus* ne présente pas, à la partie inférieure du labre, d'échancrure suturale comme celle des *Thersitea* que j'ai figurés ; mais il ne faut pas attacher une très grande importance à la présence et à l'absence de cette échancrure : j'ai déjà fait remarquer, dans la description de *Thersitea*, que certains *Clavella* très adultes, les types de Barton figurés par Solander notamment, paraissent avoir une échancrure suturale qui n'est évidemment pas un caractère générique, ni même sectionnel, puisqu'on n'en observe aucune apparence chez des individus moins avancés en âge (¹).

(1) On peut donner l'explication suivante de cette échancrure suturale, visible chez de grosses coquilles à callosité pariétale très proéminente : admettons en effet que, après un stade d'accroissement continu, il y ait une période d'arrêt pendant laquelle la callosité se forme et devient gibbeuse, et qu'ensuite l'accroissement recommence à progresser ; le labre s'avance alors au-dessus de cette callosité, tandis que son point d'attache

Oostrombus

Malgré ces motifs de rapprochement, je ne puis cependant identifier *Oostrom-bus* avec *Thersitea* : M. Sacco a comparé, avec raison, son nouveau Genre à *S. gibberulus*, espèce vivante qui a une sinuosité basale visible, quoique très faible, et dont le rostre n'est pas échancré, mais porte une dénivellation latérale qui se rapproche de la disposition observée chez les autres *Strombidæ* ; en outre, *S. gibberulus* a un labre très peu dilaté qui s'attache à la spire exactement comme chez *Oostrombus* ; son bord columellaire, quoique bien moins calleux que celui d'*O. problematicus*, est certainement plus épais que celui de la plupart des autres *Strombidæ* ; par suite, les arrêts de l'accroissement y sont indiqués par des renflements gibbeux, donnant à la spire et au dernier tour l'apparence irrégulière qui a motivé le nom choisi pour cette espèce vivante.

En résumé, quoique l'échantillon d'*Oostrombus* que je fais figurer comme type du Genre, soit bien supérieur à ceux qu'on voit reproduits dans la Monographie de M. Sacco et dans le Mémoire de M. Oppenheim sur « Priabona-schichten », je conclus qu'en attendant qu'on ait pu étudier un échantillon absolument intact d'*Oostrombus* et un individu adulte de *Thersitea ponderosa* n'ayant pas le canal brisé, il faut provisoirement laisser *Thersitea* classé auprès de *Clavella*, tandis qu'*Oostrombus* est un Genre distinct de *Strombus*, se rattachant à la Famille *Strombidæ* par un descendant dégénéré qui le représenterait encore dans les mers actuelles. Mais alors il en résulterait cette conséquence, bien peu conforme aux principes normaux de la phylogénie, que, pendant qu'il existait dans la mer africaine un rameau détaché des *Fusidæ* qui s'est éteint dans l'Eocène, ce même rameau se serait, dans la mer oligocénique du Nord de l'Italie, transformé en un ancêtre (non prolongé pendant le Miocène et le Pliocène) d'un groupe particulier de *Strombidæ* qui vit encore dans l'Océan indien, tandis que dans la même région vénitienne et à une époque antérieure, il aurait existé des *Strombidæ* aussi caractérisés que *Dilatilabrum* ! Evidemment, cette explication n'est pas satisfaisante : l'incertitude qu'elle laisse planer sur la filiation de ces formes étranges prouve précisément que le classement provisoire, auquel je me suis arrêté faute d'une meilleure solution, devra être revisé quand nous serons en possession d'individus fossiles en meilleur état de conservation ; alors seulement, nous pourrons définitivement conclure si c'est *Oostrombus* qu'il faut ramener près de *Thersitea*, parce qu'il présente avec *S. gibberulus* des différences inaperçues, mais capitales, ou bien si c'est au contraire *Thersitea* qui devient un *Strombidæ* très voisin d'*Oostrombus*.

---

avec la suture reste en retard, de sorte qu'il se forme une sinuosité échancrée, qui n'a aucune fonction biologique, mais qui est simplement la conséquence d'une inégale rapidité de croissance des différentes parties du labre. Pour confirmer cette hypothèse, j'ai fréquemment observé, chez des *Clavella* à labre non sinueux près de la suture, la trace d'accroissements sinueux et échancrés assez loin en deçà de l'ouverture, presque sur le dos de la coquille, attestant ainsi le retard qui s'était produit dans l'accroissement normal de l'attache du labre, et prouvant en outre que ce retard peut ensuite se regagner de manière à faire disparaître le sinus accidentel.

Oostrombus

Répart. stratigr.

EOCENE. — Une espèce voisine du type, dans les couches nummulitiques de Roncà : *S. Tournoueri* Bayan, ma coll. ; une autre espèce au niveau de Monte Postale : *S. scurrus* Oppenheim, d'après cet auteur.

OLIGOCENE. — Outre l'espèce-type dans le Tongrien inférieur de la Ligurie et dans le Vicentin, ma coll. ; une autre espèce très voisine, à Grancona : *S. naticiformis* Oppenheim, d'après la Monographie précitée de cet auteur ; une autre espèce à Castel Gomberto : *S. irregularis* Fuchs, d'après la Monographie de cet auteur. (Beitz. zur. vicent. Conchyl. 1868).

MIOCENE et PLIOCENE. — Néant, jusqu'à présent.

EPOQUE ACTUELLE. — L'espèce précitée dans l'Océan indien, avec quelques variétés se rattachant d'une part à certaines formes lisses de *Canarium*, et d'autre part à *Conomurex*, d'après le Manuel de Tryon.

PEREIRAIA, Crosse *em* (¹), 1867.

Coquille strombiforme, à spire couronnée de tubercules tubulés, à surface ventrale émaillée ; aile très sinueuse, rétrocurrente en arrière ; rostre aigu, séparé de l'aile par une large sinuosité ; columelle calleuse et excavée en arrière.

PEREIRAIA, *s. stricto*.   Type : *Pleurotoma Gervaisi*, Vézian. Mioc.

Test généralement fragile. Taille grande ; forme stromboïdale, élancée ; spire assez longue, étagée, à galbe extraconique ; tours imbriqués en avant, excavés et sillonnés en arrière, au dessous de l'angle antérieur qui est bientôt couronné de nodosités tranchantes, se transformant peu à peu en épines tubulées, parfois très saillantes, ouvertes ou fendues en dessous. Dernier tour égal aux deux tiers de la hauteur totale, portant simplement quatre côtes spirales et orné de stries d'accroissement très sinueuses, croisées par quelques stries spirales, irrégulièrement espacées ; base d'abord convexe et subanguleuse, puis excavée vers le cou qui est presque droit, imperforé,

---

(1) Crosse a écrit : *Pereiræa* ; d'après la règle absolue, on doit ajouter *ia* au nom réel qui est Pereira.

Pereiraia

dépourvu de bourrelet. Ouverture piriforme, prolongée en arrière
par une gouttière rétrocurrente qui forme une fissure bordée par un
bourrelet, le long de la suture du dernier tour ; rostre antérieur, assez
long, aigu, un peu infléchi à droite, séparé de l'aile par une large
sinuosité ; aile médiocrement épaisse, lisse à l'intérieur, proéminente
en avant, rétrocurrente en arrière avec la gouttière suturale, festonnée sur son contour libre par des échancrures et par des saillies inégales, subdigitées, qui correspondent aux côtes du dernier tour ;
columelle excavée en arrière, presque droite au milieu, infléchie en
avant avec le rostre ; bord columellaire lisse, calleux, quoique assez
mince, s'étendant sur toute la région ventrale du dernier tour, et
même quelquefois sur la rampe excavée au-dessous des tubulures
antérieures de l'avant-dernier tour.

Diagnose refaite d'après un échantillon de l'espèce-type, de San Paul d'Ordal
(Catalogne), ma coll., reproduction des clichés faits par M. Vidal sur un
individu intact de cette localité (Pl. II, fig. 2-3) ; et d'après les figures d'é-
chantillons d'Ivandal, près Bartelmæ dans l'Ukraine, publiées par M. R.
Hœrnes (Ann. K. K. Naturhist. Hofmus., Bd. X, Heft 1, 1895).

Observ. — Ce Genre a été fondé par Crosse, dans le *Journal de Conchyl.*
(T. VII, Vol. XV, p. 464), à propos de l'analyse qu'il a faite du Mémoire de
Pereira da Costa sur les Mollusques tertiaires du Portugal ; la même année,
l'orthographe du nom a été rectifiée, avec raison, en *Pereiraia* ; puis, en 1868,
Crosse revenant sur la description de son nouveau Genre, d'après un exem-
plaire plus intact, proposa de le classer entre les *Strombidæ* et les *Aporrhaidæ*,
exemple qu'a suivi Fischer dans son Manuel. Mais, en 1891, M. Kinkelin ayant
recueilli des exemplaires de la même coquille en Hongrie, trouva quelque analogie entre la disposition rétrocurrente du labre vers la suture et celle des *Oli-
vidæ* qui ont aussi une callosité columellaire, bordant une fissure suturale sur
une certaine étendue de la spire. Enfin, dans la brochure précitée, M. R. Hœrnes,
après un nouvel examen du contour du labre, étudié sur des échantillons bien
conservés, a cru pouvoir en conclure que la place de ce Genre devait être près
de *Struthiolaria*, c'est-à-dire après les *Aporrhaidæ*.

Cette conclusion ne me paraît pas exacte : *Struthiolaria* n'a pas de rostre, mais
possède simplement une dépression basale ; sa columelle est beaucoup plus
excavée que celle de *Pereiraia*, et son labre est antécurrent vers la suture, au
lieu d'être rétrocurrent ; l'analogie de la forme de l'aile n'est qu'un caractère
secondaire de rapprochement, en présence de ces différences capitales ; aussi je

2

persiste à penser, comme Crosse et Fischer, que *Pereiraia* est un *Strombidæ* évident : la forme de la base, avec un rostre et un sinus adjacent, rappelle beaucoup *Rostellaria* ; d'autre part, le contour sinueux de l'aile reproduit exactement la disposition qu'on observe chez certains *Canarium*, notamment chez *Strombus Samar* Chemn. ; toutefois, en raison de sa rainure suturale et de son dépôt émaillé et très étendu sur la base, il y a lieu de distinguer complètement ce Genre de *Strombus*.

Répart. stratigr.

  MIOCÈNE. — L'espèce-type dans le Tortonien de la Catalogne, du Portugal et de la Hongrie orientale.

ROSTELLARIA, Lamk. 1799.

(= *Gladius*, Klein 1753 ; = *Rostellum*, Montf. 1810 ; = *Platyoptera*, Conr. 1855).

Coquille fusiforme, étroite, à rostre aigu et droit ou légèrement courbé, à tours nombreux, parfois sillonnés ou costulés ; aile plus ou moins développée, séparée du canal par une large sinuosité, appliquée en arrière contre la spire et limitant une gouttière postérieure. Opercule unguiforme, à bords non denticulés.

ROSTELLARIA, *sensu str.*   Type : *R. curvirostris*, Lamk. Viv.

Taille grande ; forme élancée, turriculée, fusoïde ; spire longue, à galbe généralement extraconique ; tours nombreux, à sutures profondes, convexes et costulés au sommet, puis aplatis, lisses ou faiblement sillonnés dans le sens spiral. Dernier tour égal ou peu supérieur à la moitié de la hauteur totale, y compris le canal, à galbe arrondi et un peu renflé, à base ovale, peu à peu ornée de sillons profonds, jusque sur la région excavée qui forme le cou. Ouverture ovale, assez courte, peu large, se terminant en arrière par une étroite gouttière, profondément rainurée, qui descend jusqu'à la suture de l'avant-dernier tour ; rostre antérieur plus ou moins long, aciculé, entièrement vertical ou à peine courbé vers son extrémité ; à sa base, ce rostre est séparé de l'aile par une large et peu profonde échancrure, bordée comme le labre par un bourrelet extérieur ; labre médiocrement dilaté, peu épais, formant une aile en arc de cercle, dentelé sur son contour, extérieurement marginé, intérieurement lisse, prolongé jusqu'à la suture de l'avant-dernier tour avec une extrémité parfois rétrocurrente ; columelle excavée au milieu, redressée en avant avec le rostre dont elle suit la courbure quand il est infléchi ; bord columellaire calleux, plus ou moins étalé sur la base jusque contre la gouttière postérieure, portant sur la région pariétale un petit tubercule isolé, situé très en arrière.

Diagnose complétée d'après l'espèce-type, et d'après un plésiotype du Miocène inférieur de Dax : *Rost. dentata* Grat. (Pl. II, fig. 12-13), coll. de l'Ecole des Mines.

Observ. — Le nom *Gladius*, quoique antérieur à celui de Lamarck, ne peut être admis comme je l'avais fait dans mon « Catalogue illustré des coquilles fossiles de l'Eocène des environs de Paris », parce que, d'après les règles formulées par les Congrès, les dénominations de Klein ne sont recevables dans la Nomenclature binominale que quand elles ont été subséquemment reprises par un auteur avec un sens systématique : comme ce fait ne s'est produit, pour *Gladius*, que longtemps après l'époque où Lamarck a créé *Rostellaria*, c'est ce dernier nom qui doit prévaloir, et l'autre tombe en synonymie. Quant à *Rostellum* Montf., c'est une dénomination complètement synonyme, puisqu'elle s'applique à *R. fusus* Lin. qu'on ne peut génériquement distinguer de *R. curvirostris*. Enfin je ne puis avoir aucun renseignement sur *Platyoptera* Conr., proposé dans le *Journal de l'Académie des Sciences* de Philadelphie, et que Tryon cite en synonymie dans son Manuel, sans fournir aucune explication ni aucune figure.

Rapp. et diff. — Ce Genre se distingue de *Strombus* par son galbe général, par son aile moins dilatée, par son rostre antérieur bien plus long et plus aigu, par sa gouttière postérieure et rainurée ; en particulier, *Rostellaria* s. s. possède un tubercule pariétal qui n'existe chez aucun *Strombus*, et dont l'existence ne me parait avoir été signalée dans aucune des diagnoses antérieurement faites. Les Manuels de Conchyliologie récente groupent, avec les vrais *Rostellaria*, une espèce vivante à gouttière prolongée sur toute la spire, et armée d'épines sur toute cette gouttière : *R. fissa* Dillwynn, qui n'est reproduite dans Tryon que d'après la figure originale qu'en a donnée Chemnitz ; l'habitat en est inconnu, et elle ne parait avoir été retrouvée dans aucune collection européenne. Dans ces conditions, il faut attendre de meilleurs renseignements avant de séparer cette coquille qui se distingue évidemment des Rostellaires typiques et qui se place peut-être dans le voisinage de *Rimella*.

Rostellaria

Répart. stratigr.

EOCÈNE. — Une espèce treillissée, à canal très aciculé et à aile très peu
dilatée, dans le Suessonien des environs de Paris et dans l'Argile de
Londres : *R. lucida* Sow., ma coll.

MIOCÈNE. — Le plésiotype ci-dessus figuré, dans le Burdigalien de l'Aquitaine, ma coll. ; la même, dans le Tortonien du Portugal (sous le nom
R. lusitanica Mayer), dans le Bassin de Vienne, d'après la Monographie de
R. Hœrnes et Auinger, dans le Tortonien et l'Helvétien du Piémont, avec
plusieurs variétés, d'après M. Sacco.

PLIOCÈNE. — Une espèce vivante de l'Océan indien, dans les couches néogéniques de Karikal : *R. fusus* Lin., coll. Bonnet. Trois espèces typiques,
dans les couches récentes de Java : *R. Verbeeki, bataciana, modesta,* Martin,
d'après cet auteur.

ÉPOQUE ACTUELLE. — Six espèces ou variétés dans la Mer Rouge, dans les
mers de Chine et d'Australie, d'après le Manuel de Tryon.

SULCOGLADIUS, Sacco, 1893. Type : *Rostell. Collegnoi,* Bell. et Mich. Mioc.

Taille moyenne ; forme fusoïde, élancée ; spire assez longue, à
galbe conique ; tours ornés de cordons spiraux, dont l'un est généralement plus saillant que les autres et forme une carène à peu près
médiane ; dernier tour grand, portant également une carène dorsale,
parfois assez saillante, qui se prolonge jusque sur l'aile ; celle-ci est
subdentée sur son contour et descend un peu en arrière sur l'avant-
dernier tour. Rostre ?

Diagnose refaite d'après des échantillons de l'espèce-type, de l'Helvétien de
Colli Torinesi (Pl. VI, fig. 4 et 6), obligeamment prêtés par M. Sacco ; et
d'après un plésiotype du Nummulitique de la Catalogue : *R. cf. goniophora*
Bell. (¹) (Pl. II, fig. 7).

Rapp. et diff. — Il est assez difficile, à cause de l'état de conservation où se
trouvent la plupart des échantillons de coquilles de cette Section, d'indiquer des
caractères bien nets pour la séparer de *Rostellaria s. s.*, si ce n'est l'ornementation spirale qui se compose de cordons au lieu de sillons spiraux, avec une
carène dorsale au dernier tour ; s'il n'y avait que cette différence, et si l'espèce

____

(1) La figure publiée par Bellardi (Foss. Comté de Nice) représente un moule ; quant
à celle publiée par Mayer (Tert. Verst. Umg. Thun, pl. VI, fig. 3), elle représente une
aile peut-être fantaisiste, qui n'a aucun rapport avec celle de *Sulcogladius.*

vivante *R. Powisi* appartenait bien, comme le prétend M. Sacco, à son Sous-
Genre *Sulcogladius*, on pourrait réunir sans hésitation ce dernier à *Rostellaria*,
attendu que *R. Powisi*, qui porte en effet des cordons spiraux, mais qui n'est
pas caréné, est muni d'un rostre aigu et d'une aile dentée, exactement comme
R. dentata. Mais il est possible que les caractères de l'ouverture des représentants fossiles de cette Section s'écartent davantage de ceux de *Rostellaria*, et
dans ce cas, *R. Powisi* ne serait pas véritablement un *Sulcogladius* : c'est pourquoi, dès l'instant que je conserve provisoirement cette Section, je n'inscris pas
R. Powisi comme représentant actuellement la même forme ; cette question ne
pourra être définitivement tranchée que quand on aura recueilli des échantillons
plus complets de l'un des *Sulcogladius* fossiles, etparticulièrement des spécimens
munis de leur rostre intact.

Répart. stratigr.

    Eocene. — Outre le plésiotype ci-dessus figuré, dans le Nummulitique de
        Nice, d'après Bellardi, et en Catalogne d'après ma coll. (*legit* M. Vidal), une
        espèce voisine, dans les couches du même âge des environs de Paris :
        Rost. spirata Rouault, d'après la figure publiée par cet auteur ; la même
        dans les Basses-Alpes, ma coll. Une espèce douteuse dans le Parisien des
        environs d'Einsiedeln : *R. Bachmanni* Mayer, d'après la Monographie pré-
        citée de cet auteur (p. 55).

    Oligocene. — Une espèce semblable dans le Tongrien de l'Allemagne du
        Nord : *R. excelsa* Giebel, d'après la Monographie de M. von Kœnen.

    Miocene. — L'espèce-type, avec six variétés, dans l'Helvétien du Piémont,
        d'après la Monographie de M. Sacco.

AMPLOGLADIUS, Cossmann, 1889 ([1]).   Type : *Rost. athleta*, d'Orb. Eoc.

Taille très grande ; forme comprimée, latéralement gibbeuse,
fusoïde dans son ensemble ; spire relativement courte, à galbe à peu
près conique ; tours nombreux, d'abord anguleux, puis plans et
lisses, séparés par des sutures linéaires ; dernier tour égal aux deux
tiers environ de la hauteur totale, portant une gibbosité ovale et mal
limitée, du côté opposé à l'aile, de sorte que son diamètre transversal
est très supérieur à son épaisseur perpendiculaire ; base convexe ou
déclive, à peine excavée sous le cou. Ouverture fusoïdale, rétrécie
en arrière, où elle se termine par une gouttière comprise entre une

---

(1) Catal. illustré coq. foss. env. de Paris, T. IV, p. 94.

protubérance de la callosité columellaire et un prolongement recourbé
du labre qui ne descend même pas jusqu'à la suture inférieure de
l'avant-dernier tour ; rostre probablement long et droit ; columelle
peu excavée en arrière, rectiligne le long du rostre ; bord columellaire calleux, surtout sur la région pariétale, bien limité, non étalé
sur la base ; pli pariétal obtus, arrondi en spirale à l'intérieur de
l'ouverture.

Diagnose reproduite d'après un échantillon de l'espèce-type, du Bartonien de
Caumont (Pl. II, fig. 11), coll. de l'Ecole des Mines.

Rapp. et Diff. — Cette grosse coquille, toujours incomplète, présente néanmoins des différences suffisamment caractérisées pour qu'on ne puisse la classer
avec *Rostellaria* s. s. ; elle doit former une Section distincte, qui s'y rattache
par sa gouttière peu prolongée en arrière, par sa sinuosité basale et par sa côte
pariétale, mais qui s'en écarte par sa gibbosité latérale, trace de l'arrêt de
l'accroissement de la callosité columellaire, par son aile probablement non
dentée, et par le galbe de sa spire.

Néanmoins c'est plutôt auprès de *Rostellaria* que comme Section d'*Hippocrene*
comme je l'avais d'abord proposé, qu'il faut classer *Amplogladius*, malgré le
faciès général de la coquille, parce que l'aile n'est pas aussi embrassante que
chez *Hippocrene*, et surtout parce que la gouttière postérieure ne descend
jamais plus loin que la suture de l'avant-dernier tour.

Répart. stratigr.

EOCÈNE. — L'espèce-type dans le Bartonien du Bassin de Paris, ma coll. ; la
même dans la Loire-Inférieure, d'après M. Vasseur, et en Suisse, d'après
M. Mayer-Eymar. Une autre espèce encore plus courte et plus ventrue,
dans le Suessonien des environs de Paris : *Rost. turgida* Deshayes, d'après
la figure publiée par cet auteur. Une espèce distincte, dans le Lutécien des
environs d'Einsiedeln : *Rost. glaronensis* Mayer, d'après la figure publiée
par cet auteur (Verst. par. Umg. Einsiedeln, Pl. II, fig. 13).

HIPPOCRENE, Montfort, 1810 (*em.* Latreille, 1825) (¹).

Type : *Rostell. macroptera*, Lamk. Eoc.

Taille parfois très grande ; forme fusoïde, dilatée par une expansion rectiforme du bord libre ; spire assez longue, pointue, à galbe

(1) Ιπποκρήνη, nom propre ; par conséquent *Hippochrenes* était mal orthographié
par Montfort.

conique ; tours nombreux, lisses, presque plans, à sutures peu profondes, partiellement recouvertes par un dépôt émaillé. Dernier tour
à peu près égal à la moitié de la hauteur totale, plus ou moins renflé,
à base déclive ou à peine excavée. Ouverture longue, très étroite,
prolongée en arrière par une gouttière étroitement rainurée qui se
prolonge jusqu'au sommet de la spire, terminée en avant par un rostre relativement court, aigu à son extrémité, parfois recourbé en
crochet vers l'aile, mais plus généralement rectiligne, et en tout cas
séparé de l'aile à sa base par une sinuosité assez largement échancrée,
non versante ni bordée ; labre largement étalé en une aile aplatie, à
contour semi-elliptique, qui tantôt se raccorde simplement au sommet avec la gouttière [*R. macroptera*], tantôt dépasse le sommet en
recouvrant l'extrémité de la spire et en remontant du côté opposé
[*R. Baylei*], tantôt est découpée en arrière et forme un lobe saillant
qui se raccorde avec la gouttière et donne naissance à une arête qui
la borde le long de la spire [*R. columbaria*] ; columelle lisse, peu
excavée en arrière, infléchie en crosse avec le rostre, quand celui-ci
est recourbé [*R. macroptera*], rectiligne dans les autres cas ; bord
columellaire mince, largement étalé sur la base et sur toute la face
ventrale de la spire qu'il émaille jusqu'au sommet.

Diagnose refaite d'après un échantillon intact de l'espèce-type, du Lutécien
de Parnes (Pl. II, fig. 9), coll. de l'Ecole des Mines ; et d'après un plésiotype
à rostre droit, du Lutécien inférieur du Boisgeloup : *Rost. Baylei* Desh. (Pl.
II, fig. 8), ma coll.

Rapp. et diff. — Abstraction faite de l'aile, *Hippocrene* ressemble beaucoup
à *Rostellaria* par son galbe général, même par son rostre aciculé et par la sinuosité qui le sépare de l'aile ; mais la différence capitale, qui justifie la séparation
d'un Sous-Genre de *Rostellaria* consiste dans le développement de l'aile qui s'a-
platit pour former une large expansion à contour variable en arrière, mais tou
jours raccordée avec la gouttière qui descend jusqu'au sommet de la spire ; en
outre, on n'y constate pas de tubercule pariétal.

Répart. stratigr.
Eocene. — Outre le type et les deux plésiotypes précités dans la diagnose,
· et provenant du Calcaire grossier des environs de Paris, on trouve au

même niveau : *Rost. Murchisoni* Desh., ma coll., et dans le Suessonien : *R. Dewalquei* Desh., ma coll., *R. incrassata* Desh., d'après la figure. Une espèce plus ventrue, dans le Bartonien d'Angleterre : *R. ampla* Sow., d'après Lefèvre (*Bull. Soc. mal. Belg.* XI et XII) ; une autre espèce très voisine de *R. Baylei*, dans le Bruxellien de la Belgique : *R. robusta* Rutot (*Ann. Soc. géol. Belg..* III, p. 76, Pl. II, fig. 1).

OLIGOCENE. — Une espèce dans le Tongrien inférieur d'Angleterre et de Belgique : *R. oligocænica* Rutot (*ibid.*) ; dans le Tongrien de l'Allemagne du Nord, d'après la Monographie de M. von Kœnen.

WATELETIA, Cossmann, 1899. Type : *Rostell. Geoffroyi*, Watelet. Eoc.

Taille très grande ; forme stromboïdale, biconique ; spire assez longue, à galbe conique ; tours nombreux, convexes et costulés ; sur les derniers, les côtes axiales deviennent noduleuses au milieu, le reste de la surface est lisse ; dernier tour à peu près égal à la moitié de la hauteur totale, muni, sur sa face dorsale, de trois nodules subépineux, entièrement recouvert d'une callosité sur sa face ventrale, et portant une forte gibbosité latérale, opposée à l'aile ; base un peu excavée, atténuée sur le cou. Ouverture courte et rétrécie par un péristome calleux, avec une profonde gouttière limitée, dans l'angle inférieur, par une saillie calleuse et spirale, puis prolongée et bifurquée sur l'aile : d'une part, suivant une rainure superficielle et obsolète, qui fait un crochet vers la gauche ; d'autre part, suivant un sillon profond qui s'étend sur la digitation postérieure, bien au delà du sommet de la spire ; rostre antérieur rectiligne, assez long, un peu infléchi à gauche, mais non incurvé, séparé de l'aile, à sa base, par une large sinuosité peu échancrée ; aile elliptique, avec un sinus profondément découpé en arrière, puis formant, au delà de ce sinus, le rebord de la digitation postérieure, lisse, comprimée et oblique, qui termine la coquille, symétriquement au rostre ; columelle excavée, infléchie avec le rostre ; bord columellaire très épais et très calleux, couvrant toute la face ventrale de la coquille et s'amassant à droite en une forte gibbosité, puis s'étendant en arrière

jusque sur la digitation saillante qui dépasse la spire ; côte pariétale
limitant la gouttière à l'intérieur de l'ouverture.

Diagnose refaite d'après un individu intact et adulte, de l'espèce-type du Londinien (¹) d'Aizy (Pl. III, fig. 7), coll. de l'Ecole des Mines.

Rapp. et diff. — Bien que cette étrange coquille s'éloigne, à première vue,
d'*Hippocrene* par ses tubercules et sa forte gibbosité latérale, ainsi que par sa
digitation postérieure, elle s'y rattache d'autre part, par son galbe général, par
son rostre antérieur, par son aile demi-elliptique, par son faible sinus basal,
par sa large collosité columellaire ; en résumé, après une mûre comparaison, on
reconnaît que les différences précitées n'ont que la valeur d'une Section, et pas
davantage.

Répart. stratigr.
> PALEOCENE. — Une espèce voisine du type, dans le Thanétien des environs
> de Beauvais : *Rost. callosa* Deshayes, d'après la figure publiée par cet au-
> teur. (Desc Invert. Bass. Paris, 1865).
> EOCENE. — L'espèce-type dans le Londinien des environs de Soissons, ma
> coll.; la même en Crimée, d'après M. Mayer-Eymar.

CALYPTROPHORUS, Conrad, 1857.   Type : *Rostell. velata*, Conr. Eoc.

Taille moyenne ; forme assez étroite, élancée dans son ensemble ;
spire un peu longue, à galbe conique ; tours costulés au sommet et
pendant le jeune âge, recouverts ensuite d'une couche de vernis qui
oblitère leurs sutures ; dernier tour peu ventru, parfois très élevé,
ovale, bordé par une callosité suprasuturale, aplati sur sa face ventrale, latéralement gibbeux et portant souvent en outre, sur sa face
dorsale, une nodosité calleuse qui marque la trace d'un arrêt de l'accroissement du bord interne de l'ouverture; base peu excavée, entièrement lisse jusqu'au cou. Ouverture courte, un peu dilatée en largeur, prolongée en arrière par une gouttière réduite à une rainure

(1) On remarquera que nous adoptons définitivement le terme pour remplacer « Sues
sonien » qui désignait à la fois les couches paléocéniques, sparnaciennes et strictement
suessoniennes, et aussi à la place d' « Yprésien » qui, d'après M. Dollus, ne correspond
à aucun niveau bien déterminé, à Ypres.

qui descend sur une partie de la spire, passe sur le dos sans atteindre
le sommet, et remonte enfin du côté opposé à l'aile, où elle se perd
sur l'avant-dernier tour, près de la gibbosité ou nodosité latérale,
après avoir ainsi fermé la boucle complète en spirale ; rostre antérieur aciculé, long et droit, séparé de l'aile par une sinuosité basale
qui est profondément échancrée ; aile peu développée, courte, arquée,
bordée sur son contour extérieur, interrompue et subéchancrée à la
naissance de la gouttière postérieure, dont la trace est bordée par un
prolongement calleux et obsolète du bourrelet suprasutural du dernier tour ; columelle excavée en arrière, droite en avant avec le
rostre ; bord columellaire très calleux, étalé sur presque toute la
spire, et formant en outre un bourrelet plus épais et plus saillant
que le bord opposé, sur toute la longueur de la rainure précitée ;
vers l'extrémité de la spire, ce bourrelet s'étend jusqu'au sommet
qu'il recouvre totalement d'une couche vernissée.

Diagnose complètement refaite d'après des spécimens de l'espèce-type, provenant de l'Eocène supérieur de Jackson (Pl. III, fig. 1-2), ma coll. ; autre
espèce, à tubercules calleux, du « Lignitic stage » de Bell's Landing (Alabama) : *Rost. trinodifera* Conr. (Pl. III, fig. 3), ma coll.

Rapp. et diff. — Bien que cette coquille se rattache à *Hippocrene* par sa rainure descendant sur la spire en prolongement des deux bords opposés de l'ouverture, et à *Rostellaria* par son rostre aciculé en avant, elle s'en écarte par un
critérium sous-générique, c'est-à-dire par l'envahissement de la callosité vernissée du manteau qui recouvre, chez les adultes, la totalité de la spire, en rejoignant sur le dos l'expansion du bord opposé : ce n'est que sur les jeunes individus qu'on peut constater l'existence de l'ornementation axiale, qui d'ailleurs
ne s'étend pas jusqu'au dernier tour ; cette callosité s'épaissit tellement chez
certaines espèces, qu'au lieu de former seulement une gibbosité indécise, opposée
au labre, elle laisse, de ce côté et aussi sur la face dorsale, la trace des arrêts de
son accroissement sous la forme d'un noyau saillant, vernissé comme le reste
de la surface. En outre, la rainure ne se borne pas à descendre sur la spire, elle
repasse sur la face dorsale et elle y remonte, du côté opposé où elle rejoint la
gibbosité opposée au labre, indiquant ainsi le circuit complet que devait faire le
manteau de l'animal ; c'est le maximum du développement que puisse prendre
cette expansion chez un Gastropode polygyré, exception faite pour les coquilles
de la Famille *Cypræidæ*, chez lesquelles la spire est sans saillie.

Répart. stratigr.

SENONIEN. — Une espèce très probable, quoique à l'état de fragments incomplets, dans le groupe « Trichinopoly » de l'Inde méridionale : *Rost. palliata* Forbes, d'après les figures de la Monographie de Stoliczka (Cret. South India, II, pl. II, fig. 20). Une espèce probable dans le Crétacé supérieur du Brésil : *Cal. chelonites* White, d'après la Monographie de cet auteur (Contrib. Pal. Brazil, p. 174, pl. XI, fig. 17-19).

PALEOCENE. — Une espèce dans le Montien de la Belgique : *Rost. Houzeaui* Briart et Cornet, d'après la Monographie de ces auteurs.

EOCENE. — L'espèce-type et le plésiotype ci-dessus figurés, dans le Jacksonien du Mississipi et dans le Sparnacien de l'Alabama, ma coll.

SEMITEREBELLUM, Cossmann, 1894. Type : *Rostell. Marceauxi*, Desh. Pal. (= *Carenrostrina*, de Gregorio 1894).

Taille assez grande ; forme étroite, fusoïde ; spire turriculée, térébelloïde, à galbe un peu conoïdal ; tours lisses, peu convexes, séparés par des sutures linéaires ; dernier tour un peu comprimé, ovale, presque égal aux deux tiers de la hauteur totale, à base déclive, non excavée ni sillonnée sous le cou. Ouverture longue, très étroite en arrière où elle est prolongée par une gouttière qui descend parfois sur la spire et qui passe du côté opposé chez les individus adultes, évasée en avant où elle se termine par un rostre subinfléchi et assez court, probablement aciculé à son extrémité ; en deçà et à gauche de ce rostre, le bord basal fait une sinuosité élégante et large, à peine échancrée, qui se raccorde avec le labre ; aile peu dilatée, peu épaisse, réfléchie à l'extérieur, prolongée en arrière le long de la gouttière, en face du bourrelet columellaire qui est peu calleux.

Diagnose complétée d'après un échantillon de l'espèce-type du Thanétien de Jonchery (Pl. II, fig. 4), ma coll. ; et d'après une espèce plésiotype, du Nummulitique de Monte Postale (Vicentin) : *Rostell. Escheri* Mayer (Pl. II, fig. 5), ma collection.

Rapp. et diff. — Cette Section se rattache à *Calyptrophorus*, quoiqu'il n'y ait pas de dépôt de vernis sur la spire, parce que la gouttière postérieure de l'ouverture remonte du côté opposé sur la face dorsale, sans descendre jusqu'au sommet ; d'autre part, l'échancrure basale est presque nulle, et à ce point de vue, la coquille ressemble à *Terebellum* dont la rapproche aussi le galbe de la spire ; mais elle s'en écarte par l'existence d'un véritable rostre, quoique ce rostre paraisse moins aciculé que celui de *Calyptrophorus* : or c'est un caractère générique que j'ai pris précisément comme critérium dans mon tableau de classification des *Srombidæ*. En réalité, *Semiterebellum* est une forme intermédiaire entre *Rostellaria* et *Terebellum* ; par ses caractères hybrides, participant à la fois à ceux des différentes subdivisions de *Rostellaria*, cette Section doit être placée tout à fait à la limite de ce dernier Genre, sans se confondre avec *Rimella* qui a la spire ornée, et dont le rostre se réduit déjà à un simple bec infléchi.

En ce qui concerne *Carenrostrina*, ce Genre a été proposé par M. de Gregorio (Desc. faunes tert. Vénétie : Monte Postale, 1894, p. 12) pour une espèce éocénique (*Rostellaria postalensis* Bayan) dont on ne connaissait au début que des fragments, de sorte que l'on a pu croire qu'elle manquait complètement de rostre antérieur. [*Carens* manquant de, *rostrum* rostre]. Mais, depuis cette époque, M. Oppenheim a, dans son étude sur le gisement de Monte Postale, fait remarquer que *R. postalensis* et *R. Escheri* sont vraisemblablement deux espèces identiques ; en tout cas, il ne peut y avoir entre elles de différence générique, ni même sectionnelle, et comme les individus mieux conservés de *R. Escheri* présentent complètement les caractères de l'ouverture de *Semiterebellum*, sauf que la gouttière descend un peu moins bas, et qu'il n'est pas certain qu'elle remonte du côté opposé, je ne vois aucune raison sérieuse pour distinguer *Carenrostrina* de *Semiterebellum* qui est d'ailleurs antérieur à l'autre nom et qui doit, par suite, être seul conservé.

Répart. stratigr.

    PALEOCENE. — L'espèce-type dans le Thanétien de Bracheux et des environs de Reims, ma coll.

    EOCENE. — L'espèce plésiotype ci-dessus figurée, dans les calcaires moyens du Vicentin, ma coll. ; l'espèce-type de *Carenrostrina*, peut-être identique à la précédente, dans les mêmes gisements : *R. postalensis* Bayan, coll. Oppenheim. Une espèce très douteuse, dans le Bartonien des environs de Thun : *Rostellaria Gumbeli* Mayer-Eymar, d'après la Monographie de cet auteur (*loc. cit.*, p. 60, Pl. V. fig. 15).

RIMELLA, Agassiz, 1840.

Coquille fusiforme, à spire costulée ou variqueuse ; rostre non aciculé, dévié de l'axe, près d'une échancrure basale ; labre peu dilaté, bordé ou réfléchi, prolongé en arrière jusqu'au sommet de la spire.

RIMELLA, *sensu str.*   Type : *Rostellaria fissurella*, Lamk. Eoc.
(= ? *Isopleura*, Meek 1864, *non Isopleurus*, Kirby, Col. 1837).

Taille moyenne ; forme fusoïde, élancée ; spire longue, à galbe souvent un peu conoïdal ; protoconque obtuse, en calotte, à nucléus déprimé ; tours convexes, séparés par de profondes sutures, ornés de costules axiales et pincées, souvent entremêlées de varices irrégulières, décussées par des stries spirales ; dernier tour à peu près égal à la moitié de la hauteur totale, avec une varice ou côte plus saillante, diamétralement opposée au labre, un peu excavé à la base sur laquelle se prolongent les côtes et apparaissent les sillons spiraux. Ouverture ovale, courte, munie en arrière d'une étroite gouttière continuée par la rainure séparant le prolongement du labre de celui du bord columellaire ; rostre antérieur très court, non aciculé, dévié de l'axe vers la gauche et en dehors, contre une échancrure ou sinuosité basale, peu profonde ; labre vertical, peu dilaté, plutôt réfléchi à l'extérieur que réellement bordé, lisse et vernissé à l'intérieur, prolongé en arrière par une arête tranchante qui descend jusqu'au sommet de la spire et qui remonte un peu de l'autre côté ; columelle lisse, excavée, infléchie en avant avec le rostre ; bord columellaire calleux, non étalé sur la base, se prolongeant en arrière le long de l'arête du labre dont il est séparé par une fine rainure.

Diagnose refaite d'après l'espèce-type, du Lutécien de Villiers (Pl. III, fig. 15-16), ma coll.

Rapp. et diff. — D'après Herrmannsen, le type de ce Genre est bien l'espèce éocénique précitée, et non, comme l'indiquent à tort Fischer et Tryon, l'espèce vivante des îles Philippines: *R. crispata*, qui, comme on le verra ci-après, appartient à un Genre bien différent. *Rimella* mérite d'ailleurs de former un Genre complètement distinct de *Rostellaria*, à cause de son rostre bien plus court, invariablement infléchi suivant la courbure générale de la columelle, dévié un peu en dehors, et juxtaposé à une sinuosité basale peu profonde. La spire, costulée et variqueuse même quand elle est lisse et dépourvue de stries spirales, se rapproche de celle de *Calyptrophorus*, mais elle n'est pas recouverte par un vernis columellaire, parce que la callosité n'est pas étalée comme dans ce dernier Sous-Genre.

Le Genre *Isopleura* Meek, paraît établi pour une coquille crétacique (*R. curvilirata* Corr.), incomplète, à costules sinueuses, probablement dépourvue d'échancrure basale ; Tryon et Fischer sont d'accord pour admettre que cette dénomination est à réunir à *Rimella* ; d'ailleurs, on ne pourrait la conserver dans la Nomenclature, puisqu'elle fait double emploi avec *Isopleurus* dont elle ne diffère que par la désinence féminine, le sens du substantif étant le même. En ce qui me concerne, je m'abstiens de conclure de ce rapprochement que le Genre *Rimella* a effectivement apparu dès la Craie supérieure, et j'estime qu'il faut attendre de meilleurs matériaux pour confirmer cette assertion.

Répart. stratigr.

EOCENE. — Outre le type dans les trois niveaux du Bassin de Paris, dans la Loire-Inférieure, dans le Cotentin et dans le Vicentin, ma coll., une espèce sillonnée dans le Bartonien de France et d'Angleterre : *Rost. labrosa* Sow. ; une autre espèce voisine de l'espèce-type, dans l'Eocène moyen d'Angleterre : *R. rimosa* Sol. Une espèce plus allongée, dans le Nummulitique de Nice et des Pyrénées : *R. multispirata* Bell., ma coll. pour la seconde de ces provenances. Une espèce probable dans l'île de Bornéo : *Rost. inæquicostata* Bœttger, d'après la figure publiée par cet auteur (Ueber Eocän-form. von Borneo, 1875). Une espèce plus conique, dans l'Eocène moyen d'Egypte : *Rimella duplicicosta* Cossm, ma coll. (Add. faune numm. d'Egypte, 1901, p. 9, Pl. I, fig. 15-16). Deux autres espèces dans le Nummulitique de l'Inde : *Rost. Jamesoni* et *suturalis* d'Arch,, d'après la Monographie de d'Archiac et J. Haime.

Il existe aussi, dans le Londinien de St-Gobain, une autre espèce à aile plus développée, mais trop mutilée pour qu'on puisse en faire une Section distincte de *Rimella* : *Rost. mirabilis* Desh. [Pl. III, fig. 20], coll. de l'Ecole des Mines. Une espèce du même groupe a été signalée par M. Chédeville, dans le gisement Lutécien de Boury (Oise) : *Rimella Munieri* Chéd.

OLIGOCENE. — Une espèce voisine de l'espèce-type, dans le Tongrien inférieur de l'Allemagne du Nord : *Rost. integra* von Kœnen, d'après la Monographie de cet auteur : la même dans la Ligurie, d'après M. Sacco (*loc. cit.*, p. 19).

CYCLOMOLOPS, Gabb. 1869.   Type : *Rostell. sublævigata*, Desh. (¹) Eoc.

Taille moyenne ; forme fusoïde, peu ventrue ; spire assez longue, polygyrée, à galbe conique ; tours peu convexes, à sutures peu pro-

---

(1) Dans sa Monographie de Monte Postale (1894), M. de Gregorio fait remarquer que le nom *sublævigata* a été proposé, non par d'Orbigny, mais par Deshayes, et que cette correction du nom *lævigata* Mellev. est basée sur une erreur typographique du Mémoire

fondes, lisses et brillants, avec des varices irrégulièrement dissémi-
nées qui ne se succèdent pas en ligne continue ; dernier tour un peu
supérieur à la moitié de la hauteur totale, ovale, déclive à la base qui
porte des sillons spiraux jusque sur le cou non excavé. Ouverture
courte, assez étroite, avec une gouttière postérieure qui se prolonge
en une rainure descendant verticalement jusque dans le voisinage du
sommet, et remontant un peu du côté opposé où elle s'efface presque
immédiatement ; rostre antérieur court, séparé de l'aile par une
sinuosité échancrée ; labre vertical, réfléchi à l'extérieur, lisse à l'intérieur, légèrement convexe, peu dilaté, se prolongeant sans discon-
tinuité, mais avec une légère inflexion, le long de la rainure verticale ; columelle arquée, lisse, terminée en pointe à l'extrémité du
rostre ; bord columellaire médiocrement calleux en avant, très épaissi
dans l'angle inférieur de l'ouverture, et formant contre la rainure un
bourrelet beaucoup plus saillant que le bord opposé ; sur certains
individus, ce bourrelet du côté droit forme même un lobe saillant et
irrégulier, vers le sommet de la spire.

> Diagnose faite d'après un échantillon, à canal brisé, de l'espèce-type (Pl. III,
> fig. 5), provenant du Londinien d'Aizy, coll. de l'Ecole des Mines ; autre in-
> dividu plus fruste, mais à canal plus intact, provenant du Londinien de
> Sapicourt (Pl. III, fig. 6), ma coll.

Rapp. et diff. — J'ai longuement hésité avant de me décider à classer *Cyclomolops* comme Section de *Rimella* : ce type du Genre de Gabb, fondé simplement d'après une figure, est une espèce rare des sables suessoniens, que cet
auteur n'avait jamais vue en nature, qu'on ne trouve d'ailleurs jamais complète
et que Melleville a reconstituée à l'aide de fragments, sous le nom *Rostell. lævigata*. La figure qu'il en a donnée (1843, *Ann. Sc. Géol.* Mém. Sables tert.
inf., p. 71. Pl. X, fig. 10-11) est une restauration fantaisiste ; en particulier
l'ouverture, que Melleville ne connaissait pas intacte, y est indiquée comme étant
holostome en avant, et c'est d'après cette hérésie iconographique que Gabb a
été induit en erreur pour la diagnose de son Genre *Cyclomolops* — ce qui prouve

de Sowerby sur les fossiles de Gosau, Mémoire dans lequel *R. læviuscula*, ainsi désigné
sur la légende des Planches, a été nommé dans le texte *R. lævigata* ; quoi qu'il en soit,
cette dénomination datant de 1832, Melleville ne pouvait plus l'appliquer en 1843, et
Deshayes a eu raison de faire la correction *sublævigata* ; Gabb a eu seulement le tort
de l'attribuer à d'Orbigny.

une fois de plus qu'il est toujours dangereux de créer des Genres nouveaux, en se fondant simplement sur la figure de l'espèce-type, et sans avoir pu en étudier de bons individus.

L'examen seul des caractères de la spire, — sur laquelle la rainure, comprise entre ces prolongements du labre et du bord collumellaire, descend pour remonter ensuite du coté opposé, — m'avait déjà fait penser, en 1889 (Catal. ill. t. IV, p. 95), que *Cyclomolops*, ne différait probablement de *Calyptrophorus* que par sa spire non vernissée et par l'expansion moindre de son bord columellaire, c'est-à-dire que le Genre de Gabb n'eût été qu'une Section tout au plus du Sous-Genre de Conrad. Mais, en étudiant attentivement de nouveaux matériaux, et notamment un individu presque intact, j'ai pu constater que l'ouverture présente en avant exactement la même disposition que celle de *Rostell. fissurella*, de sorte que, non seulement elle n'est pas holostome (ce dont jene doutais pas en 1889), mais encore qu'elle se termine par un rostre qui, au lieu d'être long et aciculé comme celui de *Calyptraphorus*, forme une pointe courte et peu aiguë, infléchie vers le dos, adjacente à une échancrure basale ; or c'est un caractère générique, très important, qui justifie le classement de *Cyclomolops* auprès de *Rimella*, c'est-à-dire dans un autre Genre que *Calyptrophorus* ; en outre, chez *Cyclomolops*, le labre se prolonge en arrière le long de la rainure, sans en être disjoint par une entaille, comme cela a lieu chez *Calyptrophorus* ; enfin la spire de *Cyclomolops* est dégagée du vernis qui envahit l'autre Sous-Genre, et elle ne porte que des varices au lieu des bosses obtuses ou des nodules saillants qu'on observe chez *Calyptrophorus* ; signalons d'autre part l'existence de stries basales qui n'existent ni chez *Calyptrophorus*, ni même chez *Hippocrene*, tandis que *Rimella* en possède.

Comparé à *Rimella s. s.*, *Cyclomolops* s'en distingue essentiellement par sa spire qui est composée d'un plus grand nombre de tours moins convexes, non costulés, simplement munis de varices qui indiquent les arrêts de l'accroissement de la callosité columellaire ; enfin, celle-ci est plus saillante que l'arête du labre, le long de la gouttière qui paraît, par conséquent, plus profondément rainurée.

Répart. stratigr.

EOCENE. Outre l'espèce-type, une espèce voisine, au même niveau Londinien dans le Bassin de Paris : *Rost. humerosa* Deshayes, d'après la figure publiée par cet auteur.

ORTHAULAX, Gabb. 1872.   Type : *Orthaulax inornatum*, Gabb. Mioc. (= *Liorhinus*, Gabb 1860 ; = *Wagneria*, Heilp. 1888).

Test épais. Taille moyenne ; forme stromboïdale, comprimée, gibbeuse ; spire courte, à galbe conique, entièrement recouverte par l'expansion superposée des vernis du bord columellaire et de l'aile ;

tours nombreux, croissant lentement, à sutures visibles seulement
quand la coquille est encore jeune et que l'émail du dernier tour ne
l'a pas encore envahie ; surface entièrement lisse, même sous ce
vernis. Dernier tour occupant, en réalité, les quatre cinquièmes de
la hauteur totale, aplati sur la surface ventrale, portant sur la surface dorsale une nodosité gibbeuse, et du côté opposé à l'aile, une
autre saillie variqueuse ; base ovale, excavée sous le cou, lisse comme
toute la spire. Ouverture longue, semilunaire, prolongée en arrière par une étroite gouttière qui descend sinueusement sur la
spire et qui s'enroule autour du sommet sans le dépasser ; bec antérieur court, infléchi vers le dos, adjacent à une échancure basale assez
profonde ; labre mince, formant une aile peu dilatée, à profil vertical,
prolongé en arrière suivant le tracé de la gouttière, et enveloppant
par conséquent toute la spire jusqu'au sommet ; columelle un peu
excavée en arrière, faiblement bombée au milieu, infléchie avec le
bec à son extrémité ; bord columellaire large et calleux, formant
une gibbosité saillante à la naissance de la gouttière postérieure,
garnissant en avant tout le
cou jusqu'à l'extrémité du
bec.

Diagnose refaite d'après la figure d'un plésiotype de l'O-
ligocène supérieur de Chipola (Floride) : *Orth. Gabbi*
Dall, et d'après deux fragments de la même espèce,
ma coll. Reproduction de la
fig. 5 (Pl. XII, Tert. Flor.) :
Fig. 1.

Rapp. et diff. — Ainsi que
l'a observé M. Dall (*loc. cit.*,
p. 17), cette coquille intermé-

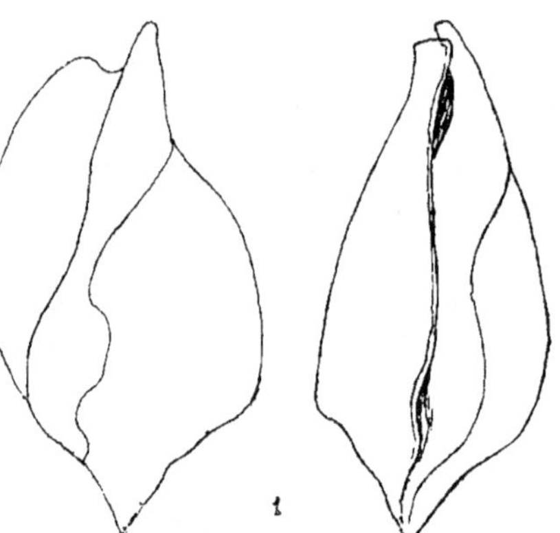

Fig. 1. — *Orthaulax Gabbi*, Dall, Réduit.

diaire entre *Rostellaria* et *Strombus* diffère d'*Hippocrene* par son aile moins
dilatée, enveloppant toute la spire, par sa gouttière en spirale au sommet,
— ce qui prouve que le recouvrement existe déjà quand la coquille n'est pas

adulte, — enfin par son bec court, au lieu d'un rostre aigu. Ce dernier critérium générique, d'après les bases de ma classification des *Strombidæ*, place *Orthaulax* dans le Genre *Rimella*, car le bec est exactement infléchi comme chez le dernier, et la columelle a absolument la même courbure ; d'autre part, le vernis et les gibbosités rappellent un peu *Calyptrophorus* ; mais *Orthaulax* s'en distingue par l'absence complète de côtes axiales sur les tours de spire, même quand ils ne sont pas encore recouverts de vernis, et aussi par son aile non bordée, non interrompue en arrière, enfin par sa columelle non aciculée en avant.

En résumé, *Orthaulax* se rapproche, à mon avis, beaucoup plus de *Rimella* et de *Cyclomolops* que des autres formes de *Strombidæ* : aussi je l'ai classé comme Section seulement de *Rimella*, dont il s'écarte par sa spire lisse et recouverte, par sa gouttière non ascendante au delà du sommet, par ses gibbosités calleuses, par l'absence de stries basales.

Le Genre *Wagneria* Heilprin, a été fondé sur des échantillons non adultes d'*Orthaulax* : cette dénomination est donc, d'après M. Dall, complètement synonyme. Quant à *Liorhinus* Gabb, M. Dall qui en a examiné le type (*L. prorutus* Gabb), pense que c'est une forme tout à fait différente ; mais, en ce qui me concerne, je trouve que la figure qu'en a publiée Tryon (Struct. and system. Conch., pl. IX, fig. 92), est identique à celle d'un jeune *Orthaulax* figuré par M. Dall : je serais donc très embarrassé pour caractériser *Liorhinus* et le différencier de la Section à laquelle je le rapporte provisoirement comme synonyme.

Répart. stratigr.

    Eocene. — Une espèce douteuse : *Liorhinus prorutus* Gabb, d'après la figure précitée.

    Oligocene. — Deux espèces dans les couches inframiocéniques de la Floride : *Wagneria pugnax* Heilp. et *O. Gabbi* Dall, d'après la Monographie de cet auteur.

    Miocene. — Une espèce, type de la Section, dans les couches inférieures de Saint-Domingue, d'après la figure publiée par Guppy (Quart. Journ. 1876, p. 520, Pl. XXVIII, fig. 8).

STROMBOLARIA, de Gregorio, 1880. Type : *Rost. Crucis*, Bayan. Olig.

Test peu épais. Taille moyenne ; forme fusoïde, peu ventrue ; spire turriculée, à galbe conique ; tours convexes, séparés par des sutures peu profondes, bordées en dessus d'un bourrelet obsolète, ornementation composée de costules axiales, étroites, se transformant par places en varices plus épaisses, décussées dans les intervalles par des sillons un peu écartés. Dernier tour supérieur aux deux

tiers de la hauteur totale, arrondi, portant une faible varice opposée
au labre et une autre, plus saillante et plus gibbeuse, sur la région
dorsale, tandis que les côtes s'atténuent sur la base faiblement excavée, et que les stries persistent en se serrant obliquement sur le cou ;
celui-ci est gonflé par un gros bourrelet arrondi, avec une fente
ombilicale ou une rainure intercalée entre lui et le bec. Ouverture
assez ample, rétrécie sans gouttière du côté postérieur, peu contractée en avant où elle se termine par un bec court, à peine infléchi,
presque sans saillie sur l'échancrure adjacente, à peine sinueuse ;
labre un peu dilaté, extérieurement borné par la dernière varice, un
peu en deçà de son contour qui est mince, non évasé, lisse à l'intérieur, à profil assez convexe au milieu, sinueux en arrière et se raccordant avec l'avant-dernier tour, sans former aucun prolongement
sur la spire ; columelle lisse, presque droite dans toute son étendue ;
bord columellaire peu calleux en arrière, plus épais en avant, le
long de la fente ombilicale, terminé en pointe contre le bec.

Diagnose établie d'après les deux échantillons-types de l'espèce-type, du
Priabonien de Croce-Grande (Pl. V, fig. 8, 9), coll. de l'Ecole des Mines.

Rapp. et diff. — Au premier abord, on est tenté de réunir *Strombolaria*
avec *Rimella*, à cause de leur apparence presque semblable principalement par
l'ornementation ; mais, en examinant de près les spécimens-types de Bayan qui
sont en bon état de conservation, j'ai constaté de très sérieuses différences,
d'ailleurs constantes : d'abord — et c'est ce qui a frappé Fischer de même que
l'auteur du Genre — la gouttière postérieure manque complètement et il n'existe
même, sur ces deux échantillons, aucune trace de son existence, ni aucune tendance à sa formation à cause de la courbure que prend le labre à son extrémité
postérieure ; en outre — et ce caractère n'avait pas encore été signalé que je
sache — la base présente une fente ombilicale et bien visible entre le bourrelet
du cou et la callosité du bord columellaire ; d'autre part, le bec antérieur est si
court qu'il ne dépasse presque pas l'échancrure adjacente, ce qui donne un
aspect buccinoïde à l'extrémité antérieure de l'ouverture ; enfin, le labre est
plus mince que celui de *Rimella*, non réfléchi comme chez ce dernier, encore
plus convexe sur son contour, tandis que la dernière varice est située un peu
en deçà de ce contour. L'absence d'épaississement de la callosité columellaire
est une preuve que le manteau de l'animal ne s'étalait pas sur sa coquille. Pour
tous ces motifs, j'admets *Strombolaria* comme un Sous-Genre bien distinct de

Rimella, attendu que rien ne nous autorise à supposer que les individus qu'on en connaît n'aient pas atteint l'âge adulte, et qu'aucune transition ne paraît exister entre ces deux formes.

Répart. stratigr.

Eocene. — Une espèce à fortes varices, mais généralement mutilée, dans le Londinien des environs de Paris : *Rost. interrupta* Desh., ma coll.

Oligocene. — L'espèce-type dans le Priabonien de la Vénétie, ma coll.

PUGNELLUS, Conrad, 1860.
(= *Gymnarus*, Gabb 1868).

Coquille fusiforme à l'état jeune, massive et trapue à l'état adulte ; spire costulée, en partie recouverte par le vernis ; labre formant un lobe massif, échancré en arrière, sinueux à la base, bordé à l'extérieur ; canal incurvé dans le jeune âge, se réduisant à un bec tronqué à l'âge adulte.

PUGNELLUS, *sensu stricto*.   Type : *P. densatus*, Conr. Cén.

Test épais. Taille moyenne ; forme fusoïde, ventrue, acquérant un galbe plus massif à l'âge adulte ; spire ovoïde, à galbe conoïdal, à tours conjoints, ornés de costules ou de nodosités axiales et sinueuses, obliques en arrière, non décussées ; surface des individus adultes en partie recouverte par le vernis columellaire ; dernier tour formant la plus grande partie de la coquille, trapu et souvent subanguleux, excavé à la base sous un cou à peu près nul. Ouverture oblongue, étroite, à bords parallèles, pourvue en arrière d'une large gouttière versante vers le dos de la coquille, terminée en avant par un rostre unciforme, infléchi vers le côté facial, mais oblitéré chez l'adulte par l'expansion du vernis calleux qui envahit toute la surface basale, de sorte qu'il se réduit alors à un bec court et tronqué, adjacent à une large sinuosité sans échancrure ; une seconde sinuosité versante et subéchancrée sépare la base de l'aile qui est épaisse, vernissée, bordée à l'extérieur, généralement digitée par un lobe postérieur et profondément échancré, avant qu'elle se raccorde avec la gouttière inférieure de l'ouverture ; à l'intérieur, le lobe est très calleux, mais lisse ; columelle à peu près rectiligne, oblique, infléchie en courbe avec le bec antérieur, et recouverte par une énorme collosité vernissée qui forme une dépression versante en deçà du bec, et qui s'étend en arrière jusqu'au sommet de la spire, rejoignant sur le dos le bord opposé de la gouttière postérieure de l'ouverture.

Diagnose refaite d'après un spécimen très adulte de l'espèce-type, du grès vert du Texas (Pl. VII, fig. 4-5), et d'après une autre espèce noduleuse, du grès de Martinez, en Californie : *P. hamulus* Gabb. (Pl. VII, fig. 3), tous deux de la collection du Musée National à Washington, obligeamment prêtés par M. Stanton.

Rapp. et diff. — Le classement de ce Genre assez étrange ne me paraît plus douteux depuis que j'ai pu étudier les types au lieu des figures publiées dans les ouvrages originaux : la double sinuosité basale et l'extension de la callosité columellaire marquent la place de *Pugnellus* entre *Rimella* et *Dientomochilus*; même, l'inflexion du rostre ou bec antérieur est un caractère qui accentue encore ce rapprochement. Toutefois, *Pugnellus* s'écarte de ces deux derniers Genres par son aile épaisse et lobée, terminée en hameçon et par son ornementation toute spéciale. Le Sous-Genre *Gymnarus*, que Gabb a postérieurement démembré de *Pugnellus*, pour une espèce de Californie (*P. manubriatus*) dont le type est manifestement restauré, ne me paraît pas plus qu'à Fischer, génériquement différent : c'est donc une dénomination à reléguer en synonymie jusqu'à ce qu'il soit prouvé que cette distinction repose sur un fondement sérieux.

Répart. stratigr.
> CÉNOMANIEN. — L'espèce-type ci-dessus figurée, dans le groupe « Ripley » qui paraît correspondre aux grès verts supérieurs de l'Europe.
> TURONIEN. — Le plésiotype ci-dessus figuré, dans le groupe « Chico » considéré par Whitney comme l'équivalent du « Lower Chalk » d'Angleterre. Une autre espèce californienne, type de *Gymnarus* : *Pugn. manubriatus* Gabb, d'après la Monographie de cet auteur. Une espèce typique, dans le « Arrialoor » de l'Inde méridionale : *Strombus uncatus* Forbes, d'après la Monographie de Stoliczka. Une espèce du Colorado, au niveau de la

« Craie de Niobrara » : *Anchura fusiformis* Meek, d'après M. Stanton (Cret. Color. form., p. 149, pl. XXXI, fig. 7-11). Une espèce probable dans la craie de Gosau : *Strombus crassilabrum* Zittel, d'après la figure de « Hanbd. der Palæontol. ». Une espèce dans les couches de Quiriquina, au Chili : *P. tumidus* Gabb, d'après la figure publiée par M. Wilckens (1904. Fauna Quir. schicht., p. 205, pl. XVIII, fig. 2).

SENONIEN. — Deux espèces bien caractérisées, dans le groupe « Trichinopoly » de l'Inde méridionale : *Strombus contortus* Sow., *Pugn. granulifer* Stoliczka, d'après cet auteur. Une espèce bien certaine, dans la Craie de Bornéo, d'après M. Martin (Fauna Kreide Martapoera, p. 188, pl. XX, fig. 10-12).

DANIEN. — Une espèce à peu près certaine dans les couches supracrétaciques de Libye : *Pugn. africanus* Quaas, d'après la Monographie de cet auteur (Palæontographica, 1902).

DIENTOMOCHILUS (¹), *nov. gen.*

Coquille un peu ventrue, à spire turriculée, treillissée ; bec très court, séparé par un sinus peu profond de l'aile qui porte une deuxième sinuosité antérieure, et qui est crénelée ou même digitée sur son contour ; gouttière postérieure plus ou moins prolongée sur la spire.

DIENTOMOCHILUS, *sensu stricto*. Type : *Strombus ornatus*, Desh. Eoc.

Taille médiocre ; forme un peu ventrue, buccinoïde sans l'aile ; spire souvent turriculée, pointue au sommet, à galbe à peu près conique ; tours convexes, ornés de nombreuses costules axiales, non variqueuses, treillissées par des cordons spiraux, ou parfois décussées par des stries dans les intervalles ; dernier tour subanguleux en arrière, supérieur à la moitié de la hauteur totale, à base convexe, ornée comme la spire jusque sur le cou qui est un peu gonflé, sans bourrelet cependant. Ouverture fusoïde, étroite, prolongée en arrière par une gouttière qui descend sur deux tours de spire et qui

---

(1) Etymologie : Δι, deux fois ; εντομη, entaille ; χείλος, lèvre.

s'infléchit au delà sur la région dorsale, terminée en avant par un bec court, infléchi au dehors, adjacent à une échancrure sinueuse et peu profonde qui le sépare de l'aile ; labre peu dilaté, à peu près vertical, quoiqu'un peu incliné en avant, portant de ce côté une entaille ou une dénivellation sinueuse, analogue à celle de *Strombus*, bordé à l'extérieur par un bourrelet sur lequel les cordons et les stries spirales produisent souvent des crénelures, épaissi et plissé à l'intérieur, prolongé le long de la gouttière ; columelle peu excavée, avec une double inflexion sinueuse vers le bec antérieur ; bord columellaire largement calleux, non étalé sur la base, souvent ridé au milieu et sur la région pariétale, bordant la rainure postérieure.

Diagnose établie d'après un échantillon de l'espèce-type, du Lutécien de Chaussy (Pl. III, fig. 21), ma coll. ; et d'après une espèce plésiotype du Burdigalien de Dax : *Rostell. decussata* d'Orb. (Pl. III, fig. 22-23), ma coll.

Rapp. et diff. — En raison de la double sinuosité qui entaille la région antérieure de l'aile et sa jonction avec le bec, cette coquille a été, ainsi que sa voisine (*Str. bartonensis*), classée par Deshayes dans le Genre *Strombus*, tandis que le plésiotype ci dessus figuré était, à cause de son galbe plus élancé et malgré cette sinuosité, rapproché de *Rimella* dans toutes les collections. Bien que l'ornementation de ces deux groupes de coquilles ne soit pas similaire, puisque les premières comportent des cordons spiraux, tandis que *R. decussata* est seulement décussé par des stries entre les côtes, je n'hésite pas à les rapprocher et à les comprendre dans un même Genre qui diffère : de *Strombus* par l'allongement de la spire, par l'aile peu dilatée, et par la gouttière postérieure surtout ; de *Rostellaria*, par un bec court remplaçant le rostre aciculé ; de *Rimella*, par l'absence de varices, par son labre plissé, et surtout par sa double sinuosité strombique. A ce dernier point de vue, *Dientomochilus* est le premier représentant des véritables Strombes auxquels il a peut-être donné naissance, tandis qu'un autre rameau issu de lui restait rimelloïde.

Répart. stratigr.
SÉNONIEN. — Une espèce probable, dans les couches campaniennes de Condat (Lot-et-Garonne) : *D. Stueri, nov. sp.* (Voir l'annexe ci-après, Pl. IX, fig. 5-6), communiqué par M. Stuer.
ÉOCENE. — L'espèce-type dans les environs de Paris, dans la Loire-Inférieure et le Cotentin, ma coll. ; une espèce voisine dans le Bartonien d'Angleterre, ma coll. Une autre espèce plus arrondie, à callosité plus

étalée, dans les calcaires du Vicentin: *Strombus Boreli* Bayan. Une espèce plus élancée, dans l'Eocène inférieur de la Floride : *Rimella Smithi* Dall, d'après la Monographie de cet auteur (*loc. cit.*, p. 172, pl. X, fig. 4-6).

Oligocene. — Une espèce dans les couches à Orbitoïdes de Java : *Aporrhais monodactylus* Martin, d'après cet auteur (Tiefbohrungen auf Java, p. 177, pl. VIII, fig. 144).

Miocene. — Le plésiotype ci-dessus figuré, dans le Burdigalien de l'Aquitaine, ma coll. ; dans l'Helvétien du Piémont, d'après la Monographie de M. Sacco (*loc. cil.*, p. 18).

Pliocene. — Une espèce encore vivante, dans les couches néogéniques de Karikal : *Rostell. cancellata* Lamk., coll. Bonnet. Quatre espèces dans les couches récentes de Java : *Rimella Javana, spinifera, tjilonganensis, semicancellata* Martin, d'après la Monographie de cet auteur.

Epoque actuelle. — Deux espèces rimelliformes, à labre néanmoins crénelé, aux Iles Philippines, d'après le Manuel de Tryon.

Digitolabrum, nova Sectio.   Type : *Rostellaria princeps*, Vass. Eoc.

Taille moyenne; forme fusoïde, élancée; spire assez longue, à galbe à peu près conique; tours d'abord lisses et convexes, puis anguleux au milieu, et élégamment ornés d'un treillis régulier de cordons spiraux et de plis axiaux, le cordon situé sur l'angle étant plus saillant que les autres. Dernier tour supérieur à la moitié de la hauteur totale, anguleux et caréné en arrière, arrondi à la base qui n'est que légèrement excavée sous le gonflement du cou. Ouverture assez large en arrière où elle se prolonge par une gouttière très rapidement détachée de la spire, rétrécie en avant où elle se termine par un bec parfois un peu long et effilé, faiblement tordu, séparé de l'aile par une légère sinuosité ; labre épaissi par un gros bourrelet externe, crénelé par les cordons spiraux, armé de digitations postérieures, rectilignes, souvent très aciculées, festonné en avant avec un sinus un peu versant, lacinié à l'intérieur et crénelé à une certaine distance de son contour ; columelle à peine incurvée, terminée en pointe contre le bec ; bord columellaire étroit, peu calleux, ridé en avant, détaché en arrière avec la digitation inférieure.

Diagnose établie d'après l'espèce-type, de l'Eocène moyen du Bois-Gouët
(Pl. III, fig. 13-14), coll. Dumas ; autre espèce à digitations rudimentaires,
dans le Bartonien d'Acy-en-Multien : *Rostell. Boutillieri* Bezançon (Pl. III,
fig. 8), échantillon-type de la coll. de l'Ecole des Mines.

Rapp. et diff. — Bien que les digitations du labre ne soient pas toujours
aussi allongées que chez le type, cette Section doit être distinguée de *Dientomochilus s. s.*, non seulement à cause de ces digitations, mais encore parce
que l'aile se détache immédiatement de l'avant-dernier tour, au lieu de former
une gouttière descendant plus ou moins loin sur la spire. Par ses autres caractères, tels que la faible courbure de la columelle, le gonflement du cou, le bec
relativement court à la place du rostre, la double sinuosité du labre, *Digitolabrum* se rattache évidemment à *Dientomochilus* et s'écarte complètement de
Rostellaria, ou même de *Rimella*.

Répart. stratigr.

EOCENE. — Outre l'espèce-type dans la Loire-Inférieure et dans le Cotentin,
ma coll., une autre espèce moins longuement digitée, dans le Bartonien
des environs de Paris : *Rostell. Boutillieri* Bezançon, coll. de l'Ecole des
Mines. Une espèce probable, quoique incomplète jusqu'à présent, dans le
Vicentin : *Chenopus Zignoi* de Gregorio, d'après la figure publiée par
M. Oppenheim (Zeitsch. d. geol. Gesellsch.).

ECTINOCHILUS, Cossmann, 1889.   Type : *Stromb. canalis*, Lamk. Eoc.

Taille petite ; forme cunéoïde, subulée, évasée en avant ; spire
allongée, à galbe conique ; protoconque lisse, minuscule, à nucléus
pointu ; tours peu convexes, élevés, séparés par des sutures très
finement rainurées et bordées par un imperceptible bourrelet en
dessus ; ornementation composée de costules axiales, obsolètes, peu
régulières, souvent réduites à quelques varices aplaties, et de fines
stries spirales. Dernier tour à peu près égal à la moitié de la hauteur
totale, plus régulièrement costulé que le reste de la spire, ovale à la
base qui est à peine excavée sous le cou gonflé et orné de sillons spiraux. Ouverture courte, assez large, avec une étroite gouttière postérieure qui descend jusqu'au sommet, et qui remonte du côté
opposé jusqu'à l'avant-dernier tour ; bec antérieur court et obtus,

adjacent à une large échancrure basale ; labre peu dilaté, bordé à l'extérieur, avec une profonde échancrure antérieure, en deçà de la sinuosité basale, lisse à l'intérieur, prolongé en arrière le long de la rainure rimelloïde ; columelle peu excavée, lisse, infléchie et versante dans la partie où elle se raccorde avec le bec ; bord columellaire assez large, non ridé, calleux, prolongé en arrière par une côte qui borde à gauche et jusqu'au sommet la rainure précitée.

Diagnose faite d'après des échantillons de l'espèce-type, du Lutécien de Mouchy (Pl. III, fig. 17-18), ma coll.

Rapp. et diff. — Ce Sous-Genre ne se rattache à *Dientomochilus* que par sa double sinuosité strombique, par sa columelle peu excavée, et par son bec court ; mais il s'en écarte par son galbe peu ventru, par sa spire non treillissée, par son labre et par sa columelle lisses, par sa rainure rimelloïde. Ces derniers caractères lui donnent précisément un aspect beaucoup plus voisin de celui de *Rimella*, sa rainure a une disposition exactement semblable ; mais sa double sinuosité à la base et à l'extrémité antérieure du labre, l'absence de courbure le long de la columelle, la protoconque même qui est aiguë au lieu de la calotte obtuse de *Rimella*, sont des caractères distinctifs d'une réelle importance sous-générique, qui n'avaient pas échappé à Desbayes, ni avant lui à Lamarck, puisque cette coquille était classée par eux dans le Genre *Strombus*, tandis qu'ils plaçaient, à tort il est vrai, *Rost. fissurella* dans le Genre *Rostellaria*. En ce qui me concerne, en 1889, je n'ai pu me résoudre à considérer *Strombus canalis* comme un *Strombus*, à cause de son galbe, de sa taille, et surtout de sa rainure : c'est pourquoi j'ai proposé la Section *Ectinochilus* que je crois utile de conserver comme Sous-Genre.

Répart. stratigr.
  Eocene. — L'espèce-type dans le Lutécien du Bassin de Paris et dans le Vicentin, ma coll. Autre espèce plus élancée, dans le Vicentin : *Rimella Retiæ* de Gregorio, d'après la Monographie de cet auteur. Une espèce à faible sinuosité basale, dans le Clairbornien de l'Alabama : *Rost. laqueata* Conrad, ma coll.
  Oligocene. — Une espèce très voisine de l'espèce-type, dans le Tongrien inférieur de la Belgique et de l'Allemagne du Nord : *Rost. plana* Beyrich, d'après la Monographie de M. von Kœnen.

TEREBELLUM [Klein, 1753] Lamk., 1799.

Coquille mince, fragile, allongée, ovale ou subcylindrique ; spire courte, obtuse au sommet ; bec court, ouverture sinueuse à la base ; labre mince, prolongé en arrière sur la spire. Opercule petit, étroit, digité (*fide* A. Adams).

TEREBELLUM, *sensu stricto*. Type : *T. subulatum* Lamk. (= *Bulla tere-bellum* Lin. Viv.)
(= *Terebellopsis*, Leymerie 1844).

Test papyracé. Taille moyenne, parfois assez grande ; forme fu-soïde, subcylindrique, étroite et allongée ; spire courte, à galbe ovoïde ; protoconque déprimée, planorbulaire, à nucléus non saillant ; tours peu nombreux, croissant très rapidement, entièrement lisses et vernissés, subulés, séparés par des sutures imperceptibles. Dernier tour formant la plus grande partie de la coquille, enroulé en cornet, avec un recouvrement très élevé sur l'avant-dernier tour ; base cylindrique, à peine distincte du cou qui est faiblement gonflé. Ouverture étroite, allongée, évasée en avant, munie en arrière d'une gouttière anguleuse qui s'efface rapidement sans se prolonger avec le labre ; bec antérieur très court, aigu, dépassant très peu l'échancrure sinueuse du contour basal de l'ouverture ; labre mince, se raccordant en avant par un quart de cercle avec la sinuosité basale, curviligne au milieu, non bordé ni réfléchi vers l'extérieur, mais plutôt contracté vers l'intérieur qui est lisse ; il se prolonge en arrière par un bour-relet obsolète et sinueux en S qui descend jusqu'au sommet sur lequel il prend fin ; columelle à peu près rectiligne, très faiblement excavée vers le bec ; bord columellaire lisse, non calleux, assez large, formant une mince couche de vernis bien limitée à l'exté-rieur.

Diagnose faite d'après un plésiotype du Londinien de Saint-Gobain : *T. fusiforme* Desh. (Pl. III, fig. 4), ma coll.

Observ. — L'espèce vivante a des sutures plus marquées que celles des fossiles ;
en outre, aucun auteur n'y signale l'existence du bourrelet descendant dans le
prolongement du labre ; mais il ne faut pas perdre de vue que ce caractère ne
peut être observé que chez les individus bien conservés, attendu que ce bourrelet superficiel se détache du test de la spire avec une extrême facilité ; dans ces
conditions, il n'est pas douteux que l'absence de bourrelet chez les représentants vivants de ce Genre n'est qu'accidentelle, et qu'elle ne pourrait motiver
une séparation des formes qui en sont pourvues.

Quant à *Terebellopsis*, dont le type est *T. Brauni* Leym., c'est une espèce dont
la spire est seulement un peu plus longue que celle de *T. subulatum* ; je ne crois
pas que cette seule différence puisse justifier la séparation même d'une Section,
surtout quand on tient compte du mauvais état de conversation dans lequel se
trouvent les types de Leymerie (coll. de l'Ecole des Mines) : il s'agit, en effet,
d'échantillons à l'état de moules internes. Aussi, je relègue *Terebellopsis* en synonymie de *Terebellum*.

Rapp. et diff. — Au premier abord, on se demande comment il est possible
de classer *Terebellum* dans la même Famille que *Strombus* ou que *Pugnellus* : ni
l'épaisseur du test, ni le galbe de la coquille, ni la disposition de l'aile ne sem-
blent autoriser ce rapprochement. Toutefois, quand on passe graduellement de
Strombus à *Rimella*, puis à *Ectinochilus*, on s'aperçoit que la transition se fait
par des nuances insensibles et que les caractères disparates s'atténuent progres-
sivement ; car *Terebellum* présente bien le bec rostriforme, la sinuosité basale,
et la trace d'une rainure rimelloïde ; il y a même des espèces dans lesquelles
le bourrelet dépasse le sommet et remonte à l'opposé. Il est donc légitime de ne
pas écarter *Terebellum* de la famille *Strombidæ*, mais en lui attribuant une
place à part, et la valeur d'un Genre tout à fait distinct.

Répart. stratigr.

Eocene. — Outre le plesiotype ci-dessus figuré, dans le Londinien des envi-
rons de Paris, une variété (*E. postconicum* de Greg.) dans le Lutécien et le
Bartonien, ainsi que dans le Vicentin, d'après la Monographie inachevée de
San Griovanni Ilarione, par M. de Gregorio. Une autre grande espèce dans
la Loire-Inférieure : *T. armoricense* Vasseur, ma coll. L'espèce-type de
Terebellopsis, à l'état de moule, dans le Nummulitique des Corbières :
T. Brauni Leym., coll. de l'Ecole des Mines ; une espèce voisine, à spire
moins élancée cependant, dans le Nummulitique de la Catalogne, ma coll.
Deux espèces bien caractérisées, dans le Nummulitique de l'Inde : *T. distortum* d'Arch., *T. obtusum* Sow., d'après la Monographie de d'Archiac
et J. Haime.

OLIGOCENE. — Une espèce typique, dans le Tongrien de l'Allemagne du Nord :
T. striatum von Kœnen, d'après la Monographie de cet auteur. Une autre
espèce dans les couches de Gaas et dans la Ligurie : *T. subfusiforme* d'Orb.,
d'après M. Sacco (1 Moll. terz. del Piemonte, Part. XIV, p. 21).

PLIOCENE. — Une espèce actuelle dans les couches récentes de Java : *T. punc-
tatum* Chemn., d'après la Monographie de M. Martin.

EPOQUE ACTUELLE. — Une espèce avec diverses variétés, dans l'Océan indien,
les mers de Chine et des Philippines, la Polynésie, etc., d'après le Manuel
de Tryon.

SERAPHS, Montfort, 1810.   Type : *Terebellum convolutum*, Lamk. Eoc.
(= *Seraphys*, Gray 1842 ; = *Seraps*, Blainv. 1827).

Test mince. Taille souvent assez grande ; forme ovale, allongée,
étroite ou peu gonflée, parfois conoïdale en arrière ; spire nulle,
entièrement recouverte par l'enroulement du dernier tour qui forme
toute la coquille et dont la surface est lisse, sauf quelquefois à la
base où l'on distingue des stries spirales plus ou moins effacées sur
le cou peu gonflé. Ouverture aussi haute que la coquille, rétrécie en
arrière où elle se clôt par l'application du labre contre la région ventrale, évasée en avant où elle se termine par un bec court, un peu
incurvé, adjacent à une large sinuosité basale, à peine échancrée,
qui se raccorde par une courbe elliptique avec le contour du labre ;
celui-ci est mince, lisse à l'intérieur, convexe en avant, faiblement
sinueux en arrière où il s'épaissit un peu en s'appliquant sur le bord
opposé, de sorte que chez quelques espèces, la suture verticale forme
un bourrelet très obsolète qui descend jusqu'au sommet qu'il recouvre et dépasse même, en formant une petite lèvre calleuse, du côté
opposé de la spire ; bord columellaire large, très mince, bien limité
cependant à l'extérieur.

Diagnose refaite d'après l'espèce-type, du Lutécien de Villiers (Pl. I, fig. 1),
ma coll. ; et d'après une espèce plus petite, à lèvre calleuse, du Lutécien de
Chaussy : *T. chilophorum* Cossm. (Pl. II, fig. 6), ma coll.

Observ. — C'est d'après l'*Indicis* d'Herrmannsen que je cite en synonymie, douteuse du moins pour la première de ces deux dénominations, *Seraphys* Gray et *Seraps* Blainv., dont l'étymologie n'est d'ailleurs pas plus explicable que celle de *Seraphs* : c'est un de ces « *vox barbara* » que l'on conserve parce que tout le monde y est habitué, mais dont la création serait actuellement à éviter, conformément aux règles linnéennes qui ont été adoptées par les Congrès.

Rapp. et diff. — La séparation de cette Section — que plusieurs auteurs réunissent à *Terebellum* — est admissible à cause de la disparition complète de la spire ; quant aux stries basales et à la lèvre calleuse au sommet, qui n'existent même pas uniformément chez toutes les espèces de ce groupe, on ne peut en tirer aucun critérium distinctif. D'autre part, l'ouverture de *Seraphs* étant identique à celle de *Terebellum*, on ne peut attribuer à la seule différence précitée que la valeur d'un critérium sectionnel.

Répart. stratigr.

EOCENE. — L'espèce-type dans le Bassin de Paris, dans le Cotentin et dans le Vicentin, ma coll. ; une espèce presque identique, dans le Bartonien d'Angleterre et le Bassin de Paris, dans le Wemmelien de Belgique et le Ligurien (?) du Médoc : *T. sopitum* Solander, ma coll. Plusieurs espèces voisines, dans le Lutécien du Bassin de Paris : *T. fusiformopse* de Greg. (celle-ci dans le Vicentin), *T. olivaceum, chilophorum, eratoides* Cossm., ma coll., *T. Isabellæ* Bernay, coll. Bernay. Deux variétés de cette dernière, dans le Vicentin : *T. pusiliusculum, post-turgidum* de Gregorio, d'après la Monographie inachevée de cet auteur sur San Giovanni Ilarione.

OLIGOCENE. — Une espèce voisine de l'espèce-type, dans les couches de Gaas : *T. subconvolutum* Grateloup, d'après l'Atlas conchyliologique de cet auteur.

MAURYNA, de Gregorio, 1880. Type : *Terebellum plicatum*, d'Arch. Eoc.

Taille moyenne ; forme olivoïde, médiocrement allongée, à galbe conique en arrière ; spire nulle, recouverte par l'enroulement du dernier tour qui forme toute la coquille et dont la surface est ornée de plis d'accroissement un peu sinueux, assez serrés, parfois atténués vers la base où ils se recourbent obliquement. Ouverture longue, largement tronquée en avant, sans échancrure basale, celle-ci étant simplement remplacée par une légère sinuosité du contour ; labre probablement épaissi, de sorte que les arrêts de son accroissement ont dû former les plis axiaux.

Terebellum

Diagnose faite d'après des échantillons d'un plésiotype à ouverture non dégagée, du Priabonien de Croce Grande (Vénétie) : *T. pliciferum* Bayan (Pl. V, fig. 10), coll. de l'Ecole des Mines.

Rapp. et diff. — Cette Section ne paraît uniquement différer de *Seraphs* que par sa surface plissée : peut-être aussi a-t-elle l'échancrure basale plus atténuée. Il est permis de se demander si ces seules différences motivent réellement la séparation d'une nouvelle Section ? Cependant, comme je n'ai pu en étudier l'ouverture qui n'a pas été figurée ni décrite par l'auteur, et que ce dernier s'est borné à une seule ligne de diagnose, je préfère attendre, avant de supprimer *Mauryna*, qu'on ait pu examiner sur des échantillons complets et intacts, s'il n'existe pas d'autres caractères distinctifs. M. de Gregorio a probablement eu l'intention de dédier cette Section à une personne nommée Maury, et non pas à Mauryn ; en ce cas, il eût été plus correct d'écrire *Mauryia*, bien que cela nécessite la succession peu euphonique de trois voyelles.

Répart. stratigr.
    Eocene. — L'espèce-type dans les couches nummulitiques de l'Inde, d'après les figures de la Monographie de d'Archiac et Haime.
    Oligocene. — Le plésiotype ci-dessus figuré, dans le Priabonien du Vicentin, coll. de l'Ecole des Mines.

Diameza , Deshayes, 1865.   Type : *Ovula media*, Desh. Eoc.

Test assez mince. Taille petite ; forme ovoïdo-rostrée, un peu ventrue en arrière ; spire entièrement involvée, remplacée au sommet par une pointe acuminée ; dernier tour formant toute la coquille, cypréiforme ou ovuliforme, lisse et arrondi, excavé à la base qui porte seulement sur le cou quelques stries finement gravées et obliquement enroulées. Ouverture étroite, un peu dilatée en avant, prolongée sur le rostre et amincie en arrière, terminée par un bec antérieur, légèrement infléchi à gauche, adjacent à une sinuosité basale qui est à peine échancrée ; labre convexe, raccordé par un arc régulier avec la sinuosité basale, un peu épaissi sur son contour externe, lisse à l'intérieur, sinueux en arrière où il s'applique sur la région pariétale, en se tordant autour du rostre apical qui représente assez exactement la pointe d'un casque ; columelle oblique, à peu près rectiligne, infléchie en avant et à gauche avec le bec ; bord columellaire indistinct.

Diagnose refaite d'après les échantillons-types de l'espèce-type, du Lutécien de Grignon (Pl. III, fig. 9-12), coll. Caillat, à l'Ecole des Mines.

Rapp. et diff. — Cette singulière coquille a d'abord été décrite dans le Genre *Ovula* ; puis, dans son second ouvrage sur les Invertébrés fossiles du Bassin de Paris, Deshayes a proposé pour elle une nouvelle coupe générique qu'il a toutefois laissée parmi les *Cypræidæ*. En 1889, dans le quatrième volume de mon « Catalogue illustré » (p. 99), j'ai donné une nouvelle figure de *Diameza media*, qui avait été reproduit d'une manière très défectueuse dans la première publication de Deshayes et qui n'avait pas été dessiné à nouveau dans la seconde publication de cet auteur ; puis, j'ai signalé les affinités de *Diameza* avec *Terebellum*, et particulièrement avec *T. eratoides* Cossm., espèce déjà conique au sommet, quoique encore dépourvue du rostre aigu qui caractérise *Diameza*. Actuellement, après un nouvel examen des individus typiques de Grignon, je vais encore plus loin que je n'avais osé le faire en 1889, et je classe définitivement *Diameza* comme une simple Section du Genre *Terebellum*, attendu qu'il y a moins de différence entre *Diameza media* et *Seraphs convolutum*, qu'il n'y en a entre ce dernier et *Tereb. subulatum*.

Répart. stratigr.

Eocène. — L'espèce-type dans le Lutécien des environs de Paris. Une autre espèce voisine, dans le Vicentin (*fide* de Gregorio).

APORRHAIDÆ, H. et A. Adams, 1858.

Coquille turriculée ; ouverture terminée en avant par un rostre incomplètement canaliculé ou par une digitation simplement rainurée, droite ou recourbée, plus ou moins longue ; labre dilaté, aliforme ou digité, adhérant parfois à la spire, même jusqu'au sommet qu'il dépasse chez certains individus ; sinuosité basale légère ou absente. Opercule subovalaire.

Observ. — La plupart des auteurs, quand un changement de nom de Genre a eu lieu, croient qu'il est nécessaire de changer également le nom de la Famille, quand ce dernier est formé avec le nom du Genre supprimé : ainsi, dansle cas actuel, Fischer ayant rétabli *Chenopus* à la place d'*Aporrhais*, s'est cru obligé de substituer *Chenopodidæ* (= *Chenopidæ* Desh.) à *Aporrhaidæ*, bien que ce dernier fût antérieur. Cette manière de procéder me paraît absolument contraire aux règles de la Nomenclature relatives à la priorité et à la propriété des noms ; d'autre part, le nom d'une Famille n'est pas nécessairement lié au sort du nom du Genre avec lequel il est formé, il y a même des Familles qui ne portent pas un nom formé avec celui d'un des Genres y appartenant, toutes les Familles primitives de Lamarck étaient dans ce cas ; enfin, c'est un élément de fixité désirable dans la Nomenclature que de ne pas modifier des noms admis, quand il s'agit simplement d'une raison de symétrie. C'est pourquoi je conserve *Aporrhaidæ* pour désigner une Famille dans laquelle on ne trouvera mentionné le Genre *Aporrhais* qu'à titre de synonyme de *Chenopus*. Je crois que les frères Adams sont les premiers qui aient employé le terme *Aporrhaidæ* dans une classification régulière ; Zittel, dans son Manuel, l'attribue à Philippi, ce qui n'est guère probable, puisque ce dernier auteur a précisément créé *Chenopus* à la place d'*Aporrhais* ; d'ailleurs, Herrmannsen n'en fait pas mention dans son *Indicis* qui date de 1845, ni dans le Supplément qui a été publié en 1852.

Rapp. et diff. — Si le Genre *Chenopus* n'était pas connu à l'état vivant, il n'y aurait absolument aucun motif paléontologique pour séparer les *Aporrhaidæ* des *Strombidæ*, attendu que plusieurs membres de la première Famille ne diffèrent de ceux de la seconde que par des caractères très fugitifs ; la présence, entre le rostre et l'aile, d'un sinus bien échancré chez les *Strombidæ*, très peu marqué chez la plupart des *Chenopus*, et tout à fait absent chez d'autres Genres mésozoïques qui sont extérieurement voisins de *Rostellaria*, n'est pas un caractère assez nettement tranché et assez certain pour qu'on puisse échafauder sur lui une classification comportant la séparation de deux Familles distinctes. Mais, fort heureusement, on connaît l'animal de *Chenopus*, et l'on a pu constater que son pied est conformé pour la reptation, tandis que celui des *Strombidæ* leur permet seulement de sauter ; d'autre part, l'opercule ainsi que la radule sont également très différents chez ces deux groupes de Mollusques ; il faut donc tenir beaucoup moins compte, ici, de la forme de la coquille qui, bien qu'à peu près semblable, est habitée par des animaux bien distincts, n'ayant de commun que la brièveté de leur siphon et le remplacement du canal siphonal par un bec ou un rostre non utilisé pour loger le siphon.

Il ressort de là que le Paléontologiste est obligé de suivre ici les Malacologistes, et que, pour les formes éteintes, il ne peut se guider que sur des caractères empiriques, ou bien par des considérations phylogénétiques. Or, en ce qui concerne l'ancienneté de la race des coquilles ailées, il est hors de doute que les premiers représentants qui ont commencé à apparaître à la base du Système jurassique, c'est à dire dans le Lias, sont des Aporrhaidés étroitement reliés à *Chenopus* par les caractères de leur aile à peu près dépourvue de sinus basal, et en tous cas, ne montrant pas l'échancrure versante qui caractérise tous les *Strombidæ* ; tandis que les plus anciens de ces derniers sont seulement, sauf une exception (*Pugnellus*), connus à partir de l'origine du système tertiaire ; quand on examine attentivement les coquilles jurassiques ou crétaciques qui étaient autrefois confondues avec *Pterocera*, on constate qu'elles en sont bien différentes, et qu'au contraire, elles se relient par une série de formes intermédiaires, à des *Aporrhaidæ* complètement authentiques.

Dans ces conditions, ce premier point de démarcation étant bien établi, confirmé par l'étude d'échantillons en excellent état de conservation, le classement des nouvelles trouvailles paléontologiques se simplifie beaucoup : s'agit il de coquilles mésozoïques, c'est parmi les Aporrhaidés qu'il faut chercher des points de rapprochement ; au contraire, dans les terrains tertiaires — et surtout à partir de l'Eocène moyen où les Aporrhaidés ne sont plus représentés que par un seul phylum, ou à la rigueur par deux branches jumelles convergeant ves *Chenopus s. s.*, on est à peu près certain d'avance qu'il s'agit de Strombidés. Inversement, si l'on n'est pas guidé par l'aspect de la fossilisation sur la provenance et l'âge d'une coquille ailée, on peut presque affirmer qu'elle provient de l'époque mésozoïque si son aile affecte une forme étrange, ou qu'elle est tertiaire si elle possède un sinus basal bien échancré.

Je n'ai pas cru nécessaire de diviser la Famille *Aporrhaidæ* en Sous-Familles ; tout au plus, pourrait-on y distinguer deux groupes : le premier ayant pour type *Chenopus* et pour représentants accessoires, *Diartema* et *Harpagodes*, est celui dans lequel l'aile s'attache plus ou moins loin en arrière, le long de la spire ; l'autre comprendrait principalement *Alaria* (= *Dicroloma*), qui est caractérisé parce que l'aile n'adhère pas à la spire au-delà du dernier tour, et aussi parce que le sinus basal a complètement disparu. Mais comme il existe des formes ambiguës, dont le classement dans l'un ou l'autre de ces deux groupes donnerait lieu à de réelles hésitations, j'ai dû renoncer à transformer ces deux groupes en de véritables Sous-Familles, dont l'adoption n'est utile et possible que quand on peut tracer une ligne de démarcation plus nette.

Le critérium générique réside donc dans la présence ou l'absence d'un sinus antérieur, adjacent au rostre, et aussi dans l'adhérence à la spire de la digitation postérieure ; pour critérium sous-générique, j'ai choisi la forme de l'aile, avec le nombre des digitations qu'elle présente ; enfin le critérium sectionnel réside le plus souvent dans la forme de la digitation postérieure, et aussi dans la longueur ou l'inflexion du rostre antérieur, assimilable à une véritable digitation.

Pour la divisision des Genres, comme pour la citation des espèces à différents niveaux stratigraphiques, j'ai eu à consulter un guide très complet en ce qui concerne les terrains jurassiques : le second volume des Gastropodes de la Paléontologie française, par M. Piette. Si je n'en ai pas suivi très exactement la classification générique, pour les motifs que j'ai d'ailleurs indiqués en leur place, je n'ai eu qu'à enregistrer les excellentes déterminations d'espèces que contient ce précieux ouvrage.

Tableau des Genres, Sous-Genres et Sections

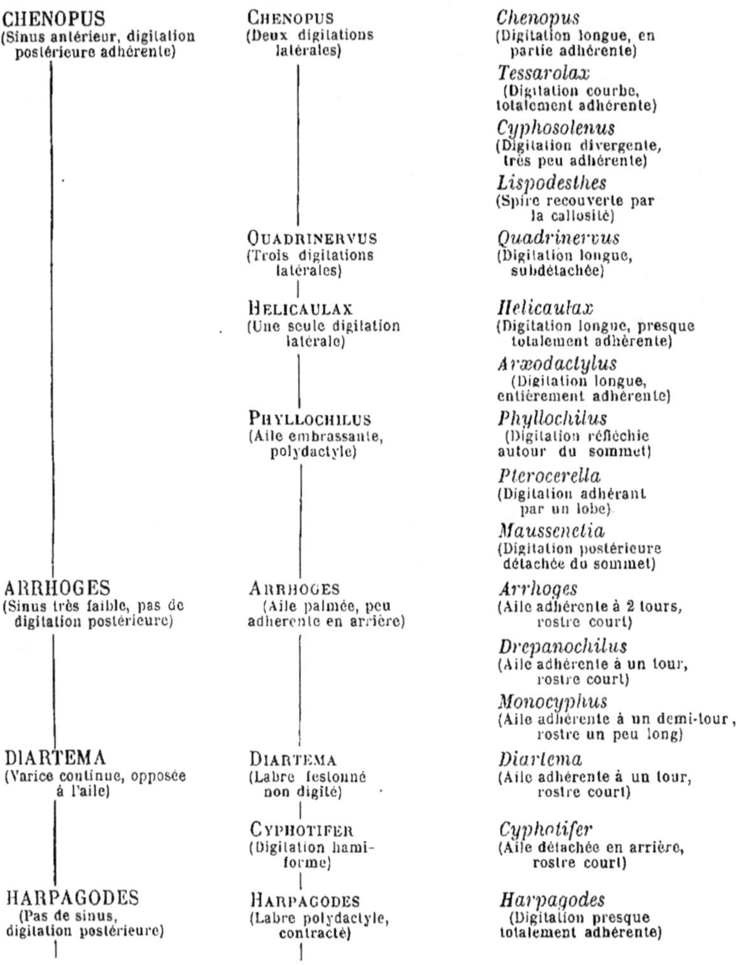

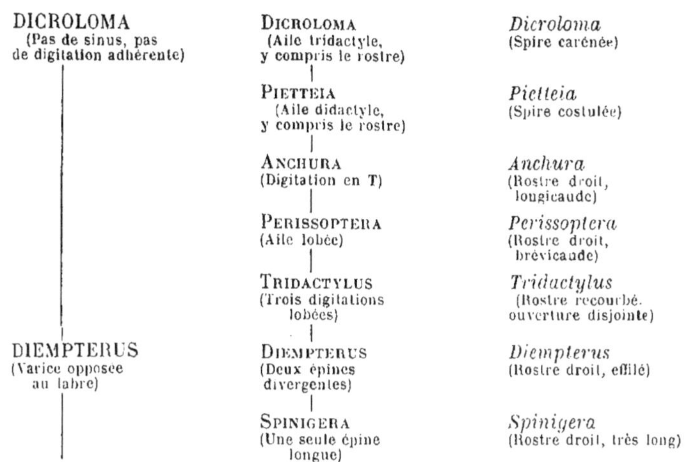

Genres à éliminer de la Famille

BRACHYSTOMA, Gardner, 1875 (*non Brachistoma*, Meig. *Dipt.* ; *nec* Swainson, 1837, *Aves*). — Type : *Scalaria angularis* Seeley (*Ann. and Mag. Nat. Hist.*, 3ᵉ ser., n° 40, avril 1891, p. 286, Pl. XI, fig. 9). La coquille en question est représentée par un fragment de spire d'un échantillon albien que je considère comme indéterminable ; la dénomination proposée par Gardner est d'autant plus à supprimer qu'elle fait un triple emploi de nomenclature, orthographe mise à part.

MOERKEIA, J. Böhm, 1895. Type : *Angularia præfecta* Kittl, du Trias. Ce Genre a été proposé (Die Gastropoden des Marmolatakalkes, *Palæontographica*, XLII Bd., p. 299, Pl. XIV, fig. 7) pour une coquille généralement mutilée, à l'extrémité antérieure de laquelle l'auteur a cru découvrir l'existence d'un canal ; en examinant les différentes figures publiées par M. Böhm, je ne puis y voir qu'un Gastropode holostome, très incomplet, dont la columelle est accidentellement tronquée, mais qui n'a absolument rien de commun avec les *Strombidæ*, ni même avec les *Aporrhaidæ* ; il n'y a pas la moindre trace d'aile, et l'extrémité basale devait être versante, au lieu de se terminer par un rostre ou par un bec saillant. Nous aurons à examiner ultérieurement si cette coquille appartient, comme *Angularia*, à la Famille *Loxonematidæ*, et si même elle doit être distinguée d'*Angularia*.

CHENOPUS, Philippi, 1836.

(= *Aporrhais*, *sec.* Aldrovandi et Petiver (?), *in* da Costa 1778, *non*
Klein 1753 ; = *Pelecanus*, Piette 1891, *non* Linn. *Aves*).

Coquille subfusiforme ; ouverture rostrée en avant ; rostre ou bec
séparé par une légère sinuosité de l'expansion digitée du labre, digitation postérieure plus ou moins appliquée contre la spire. Opercule ovale, à nucléus subapical.

CHENOPUS, *sensu stricto.*   Type : *Strombus pespelicani*, Lin. Viv.

Taille moyenne : forme variable avec l'âge, fusoïde chez les jeunes
individus, arachnoïde chez les adultes, quand le labre est complètement formé ; spire longue, pointue au sommet, à galbe subconoïdal ;
tours nombreux, convexes ou anguleux, d'abord costulés, puis noduleux sur l'angle ; dernier tour égal ou supérieur à la moitié de la
hauteur totale, y compris le canal, orné de deux rangs de nodosités,
à base excavée, comportant généralement une troisième carène. Ouverture étroite, munie d'une gouttière postérieure et prolongée en
avant par un rostre aigu et courbé à son extrémité, mais non utilisé
pour le passage du siphon ; sinuosité basale non échancrée, séparant
le rostre du labre qui est palmé ou tridigité ; les deux digitations
supérieures sont formées par le prolongement des carènes dorsales
du dernier tour, la digitation inférieure prend naissance à la suture
du dernier tour, s'applique contre la spire sur la hauteur de deux ou
trois tours, puis elle diverge au-delà ; columelle lisse, oblique, non
excavée, infléchie avec le rostre ; bord columellaire calleux et vernissé, rejoignant en arrière la digitation inférieure, étalé sur la base
et sur le cou qu'il suit sinueusement, et se détachant enfin en avant,
au delà de cette sinuosité versante, pour aboutir à l'extrémité du
rostre en formant une lamelle distincte.

Diagnose complétée d'après des échantillons de l'espèce-type, vivant dans la Méditerranée, et d'après des échantillons de la même espèce, du Plaisancien de Bologne (Pl. IV, fig. 3), ma coll. ; vue d'une espèce plésiotype, du Plaisancien de Biot : C. *pesgraculi* Phil. (Pl. IV, fig. 5), ma coll.

Observ. — Le choix de la dénomination de ce Genre a déjà fait couler des flots d'encre, aussi je tâcherai d'être bref, pour justifier ma préférence en faveur de *Chenopus*. D'abord quoi qu'on ait écrit, et en particulier, MM. Dollfus et Dautzenberg dans le premier volume des « Mollusques du Roussillon », il n'est pas bien certain que, sous le nom *Aporrhais*, Aristote ait voulu désigner *pespelicani*, comme le prétend Aldrovandi (1618) et après lui Petiver (1711) ; mais, même en admettant que cette interprétation contestée fût exacte, il ne faut pas oublier que le premier auteur qui ait réellement eu recours à des noms de Genres, Klein (1753), a appliqué ce nom à un *Strombus*, de sorte que, quand, en 1778, da Costa, puis en 1823, Dillwynn ont voulu reprendre le nom *Aporrhais* pour *Str. pespelicani*, ce nom était préemployé dans un autre sens par Klein, et ils n'en avaient plus le droit ; Gray a commis la même erreur, en 1830. C'est donc seulement en 1836, quand Philippi a créé et parfaitement caractérisé son Genre *Chenopus*, en prenant pour type l'espèce méditerranéenne, que celle-ci a été régulièrement et génériquement cataloguée, attendu qu'auparavant, elle ne pouvait et devait être désignée que sous le nom assez vague de *Strombus*, *Aporrhais* devant être définitivement rejeté.

Dans ces conditions, il est légitime d'adopter *Chenopus* comme l'ont successivement fait Deshayes, Piette, Fischer, et conformément à l'opinion de l'école américaine, tandis qu'*Aporrhais* doit être relégué en synonymie, ce qui supprimera toute contestation sur le sens élastique de la traduction du texte grec d'Aristote. Tout récemment encore, M. Rovereto (Rich. syn. 1899) a proposé de rétablir *Aporrhais*, sous le prétexte que *Chenopus* avait été employé avant Philippi pour un Genre d'Oiseaux (Wagler, 1823) : or, vérification faite dans le répertoire de Scudder, Wagler a écrit *Chenopis*, et ce mot n'est nullement synonyme de *Chenopus*, attendu que l'étymologie peut en être bien différente ; l'objection de M. Rovereto ne doit donc pas être prise en considération, et d'ailleurs fût-elle fondée, que cela n'autoriserait pas le rétablissement d'*Aporrhais* préemployé.

Enfin, dans le cours des descriptions successivement publiées dans le volume III de la Paléontologie française des terrains jurassiques, M. Piette a fréquemment employé, pour désigner des *Chenopus*, la dénomination *Pelecanus* probablement empruntée à la même étymologie que celle de l'espèce-type *pespelicani*, mais sans la caractériser. Il importe donc de faire remarquer que *Pelecanus* ne pourrait être appliqué à aucune des subdivisions d'*Aporrhaidæ*, attendu que Linné l'a déjà employé pour le Pélican.

Rapp. et diff. — La caractéristique de *Chenopus* consiste presque exclusivement dans l'existence d'un sinus basal, adjacent au bec, et d'une digitation

postérieure, adhérant en partie ou en totalité à la spire. Or il y a des *Strombidæ*
dont la coquille présente les mêmes caractères, et chez lesquels le sinus n'est
guère plus échancré que celui de *Chenopus* ; de sorte que, si l'on n'avait pas,
pour différencier ce dernier, le caractère très important de la conformation du
pied de l'animal, qui rampe et ne saute pas comme chez *Strombus*, on n'aurait
aucun motif tiré du test de la coquille pour ne pas classer *Chenopus* dans la Famille *Strombidæ*.

Quant aux digitations de l'aile qui servent à protéger des lanières existant
sur le bord du manteau de l'animal, elles sont très variables : souvent elles ne
sont pas constantes dans le même Genre. Beaucoup d'auteurs ont cru y trouver
un critérium générique d'une importance suffisante pour motiver la création de
Genres distincts, mais cette opinion me paraît exagérée. La digitation antérieure
qu'il ne faut pas confondre avec un véritable canal siphonal, — puisque le siphon
se loge à côté d'elle et est d'ailleurs très court, — a une forme plus ou moins
longue et recourbée : courte et large chez *C. pespelicani* qui ne possède même
qu'un bec arrondi, elle se rétrécit et se recourbe en une longue corne chez certains *Chenopidæ* crétaciques, sans qu'on puisse en conclure que l'animal de ces
derniers était très différent. Il en est de même en ce qui concerne les digitations
latérales du labre, qui ne correspondent à aucun organe essentiel au point de
vue des fonctions biologiques : elles varient comme nombre selon les carènes
dorsales du dernier tour, comme longueur et comme courbure selon que l'aile
est plus ou moins palmée. Enfin la digitation postérieure, d'abord adhérente à
la spire, s'en détache plus ou moins loin de l'ouverture, et parfois elle y reste
attenante jusqu'au sommet de la coquille qu'elle dépasse en formant une pointe
presque symétrique à celle du rostre antérieur. Je n'attache donc à ces différences qu'une importance secondaire, la valeur d'un critérium sous-générique
pour le nombre des digitations latérales qui est en corrélation avec l'ornementation dorsale du dernier tour, et la valeur d'un critérium sectionnel pour l'adhérence de la digitation postérieure qui, tout en étant constante dans un même
groupe de coquilles, ne correspond pas à une modification biologique d'une importance capitale. C'est d'ailleurs à peu près la méthode qu'a observée Fischer,
dans son Manuel, et je ne m'en suis écarté que pour restreindre encore l'énu-
mération trop indulgente qu'il a faite des divisions créées avant lui.

Répart. stratigr.

SÉNONIEN. — Une espèce bien caractérisée, dans le « Groupe Fort-Pierre »
du Missouri : *Aporrhais biangulata* Meek et Hayden, d'après la Monographie de ces auteurs, et d'après deux échantillons du Musée de Washington communiqués par M. Stanton. Une espèce à digitation postérieure peu
développée, quoique l'aile adhère à la spire, dans les sables de Vaals près
d'Aix-la-Chapelle : *Rostellaria granulosa* Munst., d'après la figure de la
Monographie de M. Holzapfel (*Palæontogr.*, XXXIV, Pl. XII, fig. 10).

PALÉOCENE. — Deux fragments probables, dans les couches de Copenhague :
Aporrhais Sowerbyi Mantell, et *A. gracilis* von Kœnen, d'après la Mono-
.graphie de cet auteur.

EOCENE. — Une espèce typique, dans le Claibornien de l'Alabama : *Aporrhais
gracilis* (¹) Aldrich, d'après la figure publiée par cet auteur (Prelim. Rep.,
p. 32, pl. V, fig. 14).

OLIGOCENE. — Une espèce à aile peu digitée mais adhérente à la spire, dans
l'Argile de Boom : *Chenopus Margerini* de Koninck, ma coll. Une espèce
dans les « Cyrenen-mergel » du Bassin de Mayence : *Aporrhais tridactylus* Braun, d'après la figure du Manuel de M. von Zittel, et dans les couches
tongriennes de la Ligurie, d'après M. Sacco (*loc. cit.* p. 22).

MIOCENE. — L'espèce-type dans le Bassin de Vienne, ma coll. Une espèce à
aile peu digitée mais adhérente à la spire, dans le Burdigalien et le Tortonien de l'Aquitaine : *Chenopus burdigalensis* d'Orb., ma coll. Une espèce
confondue à tort avec le plésiotype ci-dessus figuré, dans l'Helvétien du
Piémont : *C. meridionalis* Bast., d'après la Monographie de M. Sacco (*loc.
cit.* p. 22).

PLIOCENE. — L'espèce-type et le plésiotype ci-dessus figurés, dans le Plaisancien et l'Astien des Alpes-Maritimes et d'Italie, ma coll. Une espèce
voisine, dans le Plaisancien de la Toscane : *Rostellaria Uttingeri* Risso, ma
coll. Autre espèce plus ventrue, dans l'Astien inférieur du Piémont : *Rostellaria Serresiana* Michaud, d'après M. Sacco (*ibid*).

EPOQUE ACTUELLE. — Trois espèces dans les mers tempérées, d'après le Manuel de Tryon.

TESSAROLAX, Gabb, 1864.   Type : *T. distorta* (²) Gabb. Turon.
(= *Ceratosiphon*, Gill 1870 ; = *Ornithopus*, Gardn. 1875, *non*
Hitche 1848).

Taille moyenne ; forme fusoïde ; spire médiocrement allongée, à
galbe conique, en partie recouverte par une expansion de la callosité
columellaire ; tours peu nombreux, d'abord convexes, puis anguleux, ornés de filets spiraux ; dernier tour égal à la moitié de la hauteur totale, bicaréné sur la face dorsale, muni d'une saillie axiale du
côté opposé au labre, et en partie encroûté par l'expansion columellaire. Ouverture irrégulière, avec une étroite gouttière postérieure, terminée du côté antérieur par un rostre effilé et recourbé ;

(1) Cette espèce est de 1886, par conséquent postérieure à son homonyme, qui vient
précisément d'être citée dans le même Genre *Chenopus s. s.* ; je propose donc, pour
l'espèce américaine : **Chenopus Aldrichi**, *nobis*.
(2) On doit écrire *distortum*, car αυλαξ est neutre. Référence *in* Gabb (*Palæont. of
Calif.*, vol. I, p. 126, Pl. XX, fig. 82).

labre un peu palmé, avec deux longues digitations effilées, dans le prolongement des deux carènes dorsales du dernier tour, la digitation supérieure se termine souvent en croix, tandis que la digitation inférieure se recourbe sans aucun épaississement ; une troisième digitation postérieure, dans le prolongement de la gouttière de l'ouverture, s'applique contre la spire, passe sur le dos, se détache un peu en deçà du sommet qu'elle dépasse obliquement, et se termine en pointe effilée et très longue, presque sans courbure ; columelle non excavée, recouverte par un bord calleux et étalé sur toute la surface ventrale de la spire.

Diagnose complétée d'après la figure de l'espèce-type, et d'après un plésio-type européen du Gault de Folkestone : *Rostellaria retusa* Sow. (Pl. VI, fig. 2), coll. de l'Ecole des Mines.

Rapp. et diff. — Cette Section se distingue de *Chenopus* par son aile peu palmée, par la longueur et l'acuité exceptionnelles de ses digitations, par l'adhérence complète de la digitation postérieure, et par la longueur du rostre antérieur ; en outre, l'existence d'une saillie opposée au labre, et l'extension de la callosité du manteau sur la spire, sont des caractères différentiels dont l'importance n'est pas négligeable.

Après avoir créé le Genre *Ornithopus* pour *A. retusa*, M. Gardner l'a (*Geol. Mag.* 1880, p. 50) réuni lui-même à *Tessarolax*, jugeant avec raison que la disparition partielle de la saillie du dernier tour n'est pas un caractère suffisant pour séparer un Genre distinct ; d'ailleurs, la dénomination *Ornithopus* n'aurait pu être conservée, ayant été préemployée.

En ce qui concerne *Ceratosiphon* Gill., dont le type est *Pterocera Moreausiana* d'Orb., je ne puis apercevoir absolument aucune différence sectionnelle entre cette coquille et *Tessarolax* : l'absence de gibbosité opposée au labre n'est probablement que fortuite chez *P. Moreausiana*, le labre est peut-être un peu plus palmé que chez *T. distortum*, mais les digitations sont absolument semblables. Par conséquent, *Ceratosiphon* est synonyme postérieur de *Tessarolax*.

Répart. stratigr.

Néocomien. — Une espèce dans le « vieux grès vert » d'Atherfield : *Aporrhais Fittoni* Gardner, d'après la figure publiée par cet auteur (*Geol. Mag.* 1875, p. 293, Pl. VII, fig. 4). L'espèce-type de *Ceratosiphon*, dans les couches ferrugineuses de l'Aube : *Pterocera Moreausiana* d'Orb., d'après les figures de la Paléontologie française, et dans l'Allemagne du Nord, d'après M. Wollemann (*Kön. preuss. geol., Landesanstalt*, 1900, p. 171).

ALBIEN. — Le plésiotype ci-dessus figuré (= *Rostell. bicarinata* Desh.), dans le Gault de Folkestone, coll. Bourdot, et de l'Yonne, coll. Peron. Une autre espèce dans le Gault inférieur de Cosne : *Aporrhais Ebrayi* de Loriol, d'après cet auteur (*Mém. Soc. pal. Suisse*, 1882, p. 25, Pl. III, fig. 16-20).

CENOMANIEN. — Le plésiotype ci-dessus figuré, dans le « Grès vert supérieur d'Angleterre », d'après M. Gardner (*Geol. Mag.* 1875, p. 53).

TURONIEN. — L'espèce-type dans la Californie, d'après deux échantillons du Musée de Washington, obligeamment communiqués par M. Stanton.

SENONIEN. — Une espèce probable dans le « Calcaire gris » de Lyddenspont : *Aporrhais pachysoma* Gardner, d'après la figure publiée par cet auteur (*loc. cit.* 1875, p. 295, Pl. VII, fig. 8) ; autre espèce douteuse, au même niveau : *A. oligochila* Gardn. (*ibid.*). Une espèce dans les couches de Priesen (Bohème) : *Rostellaria subulata* Reuss, d'après la figure publiée par M. Fritsch (Böhm. Kreide, V, p. 85, fig. 79). Une espèce très voisine du type, dans le groupe « Arrialoor » de l'Inde méridionale : *Aporrhais arrialoorensis* Stoliczka, d'après la figure de la Monographie de cet auteur (Vol. II, fig. 1).

CYPHOSOLENUS, Piette, 1876. Type : *Pterocera tetracera*, d'Orb. Raur.

Taille assez grande ; forme fusoïde ; spire allongée, à galbe conique ; tours anguleux, costulés ou crénelés sur l'angle, ornés de filets spiraux ; dernier tour à peu près égal aux deux tiers de la hauteur totale, y compris le rostre, muni à la partie inférieure d'une rangée proéminente de tubercules qui se prolongent en avant et qui s'atténuent sur la base, en deçà d'un cordon limitant la partie excavée du cou. Ouverture étroite, allongée, creusée en arrière par une gouttière qui se relie à la rigole de la digitation postérieure, terminée en avant par un rostre distinct de la digitation antérieure et muni d'un renflement latéral qui est séparé de l'aile par une sinuosité peu profonde ; aile palmée, avec quatre longues digitations, grêles et recourbées à leur extrémité ; l'antérieure diverge obliquement avec le rostre dont elle égale à peu près la longueur, la digitation latérale supérieure est dans le prolongement du cordon basal, les deux autres se détachent de la même couronne de tubercules ; mais la digitation postérieure, reliée par une palmure festonnée avec l'avant-dernier tour, se recourbe parallèlement à la spire dont elle dépasse l'extrémité en se tenant écartée d'elle ; bord columellaire largement étalé et détaché en avant, se raccordant en arrière avec le contour de la digitation.

> Diagnose complétée d'après un échantillon (¹) de l'espèce-type, du Séquanien de Tonnerre (Pl. IV, fig. 2), coll. Cotteau, communiqué par M. Peron ; plésiotype du Portlandien d'Auxerre, vue de l'ouverture: *Rostellaria Dyonisea* Buvignier (Pl. V, fig. 4), coll. Peron.

Rapp. et diff. — Cette Section se distingue de *Chenopus* par ses digitations plus grêles, l'antérieure plus longue, plus courbée, plus distincte du rostre, la postérieure plus détachée de la spire à laquelle elle se relie par une palmure échancrée qui forme presque une véritable digitation supplémentaire, comme on pourrait le croire d'après l'examen de certaines figures. Si on le compare à *Tessarolax*, *Cyphosolenus* s'en écarte par sa spire plus élancée, par sa digitation postérieure qui n'est pas appliquée contre la spire comme cela a lieu chez cette autre Section.

Le nom qu'a choisi M. Piette est mal orthographié et n'est pas heureusement choisi (κυφός, bosse ; σωλήν, canal): on devrait l'écrire *Cyphosolen*, comme pour le Genre de Bivalves *Solen* qui a la même étymologie particielle ; en outre, le rostre qui n'est pas un véritable canal, de même que chez les autres Aporrhaidés, ne porte pas réellement une bosse, mais son contour fait seulement une saillie qui n'a jamais été observée que sur l'échantillon-type, et à laquelle l'auteur du Genre a attaché une importance d'autant plus exagérée que ce n'est pas un caractère constant chez cette espèce, et qu'il s'agit peut-être d'une modification accidentelle ou individuelle.

Répart. stratigr.
> BATHONIEN. — Une espèce douteuse, dans le Cornbrash des environs de Dijon : *C. sphinx* Piette, d'après la Paléontologie française (Terr. jur., vol. III, p. 379, Pl. LXXIII).
>
> RAURACIEN. — Une espèce douteuse dans les Calcaires coralligènes de l'Yonne : *Pterocera Beaumonti* Guir. et Ogér., d'après la Paléontologie française.
>
> SÉQUANIEN. — Outre le type de la Section, plusieurs espèces dans les « Calcaires à *Astarte* », à la Rochelle, dans l'Ain et dans la Meuse : *Rostellaria Deshayesea* Buv., coll. Peron ; *R. theodoriensis*, *R. Deslongchampsi*, *R. Gaulardea*, *R. Johannæ* Buvignier, d'après la Paléontologie française.

---

(1) C'est l'échantillon-type figuré par **M. de Loriol**, dans sa Monographie du Séquanien de Tonnerre (Pl. II, fig. 1).

KIMERIDGIEN. — Plusieurs espèces dans le Ptérocérien de la Haute-Marne, de
l'Ain ou du Jura : *Alaria matronensis* de Lor., *Pterocera Galatea* d'Orb.,
Rostellaria angulicostata Buv., *Pterocera calva* Contejean, *Pt. fusoides* Doll-
fus-Ausset, d'après la Paléontologie française.

PORTLANDIEN. — Deux espèces dans les calcaires de la Meuse, de la Haute-
Saône et de l'Yonne : *Rostellaria Dyonisea* Buv., coll. Peron ; *C. barrensis*
Buv., coll. de la Faculté des Sciences de Dijon.

LISPODESTHES, White, 1876 ([1]). Type: *Anchura nuptialis* White ([2]). Tur.

Taille médiocre ; forme fusoïde ; spire assez longue, aiguë, encroûtée à l'âge adulte par une callosité assez épaisse pour cacher les sutures des tours qui sont lisses et peu convexes ; dernier tour grand,
ventru, subcaréné sur la surface dorsale, terminé en avant par un
rostre droit, pointu, élargi seulement à sa base et se reliant en ce
point avec l'aile, sans aucune trace de sinuosité ni d'échancrure intermédiaire (?) ; aile assez large, munie de deux digitations latérales,
l'antérieure plus courbe et lobée, la postérieure plus allongée, falciforme et pointue, séparée par une large courbe de la troisième digitation inférieure qui adhère à la spire jusqu'au
sommet ; bord columellaire calleux, étendu sur
toute la coquille.

Diagnose refaite d'après la description et la figure de l'espèce-type (*in* Stanton, 1893, « The Colorado formation
and its invertebrate Fauna », *Bull. U. S. geol. Surv.*
n° 106, p. 146, Pl. XXXI, fig. 5-6). Reproduction de
cette figure (Fig. 2).

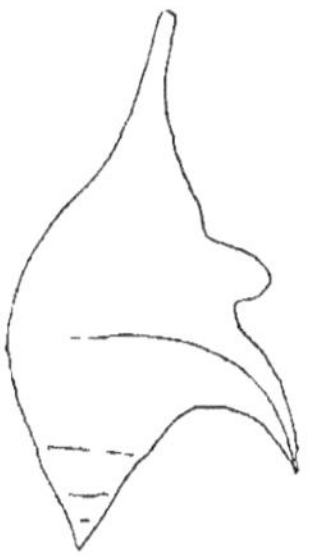

Rapp. et diff. — Le Genre *Lispodesthes*, fondé par White
sur des échantillons non adultes, a été par suite inexac-
tement interprété par la plupart des auteurs qui y ont

2

Fig. 2

rapporté certaines espèces d'Europe, à cause de l'analogie de l'aile de ces
coquilles avec celle des figures originales : c'est ainsi que, dans son « Hand-

(1) U. S. Geogn. aud Geol. Surv., West 100th Merid. Vol. IV, p. 191.
(2) 1874. — Explor. Surv. West. Prelim. Rep. Invert. foss., p. 24 ; et *ibid*. Vol. IV,
p. 192, Pl. XVIII, fig. 3a et 6.

buch der Palæont. », M. Zittel l'adopte comme Sous-Genre d'*Aporrhais*, et qu'il y classe *A. Reussi* Gein., *A. Parkinsoni* Sow., *A. megaloptera* Reuss, *A. papilionacea* Goldf. Cet exemple a été suivi par M. Holzapfel (Moll. Aach. Kreide) qui place dans le Genre *Lispodesthes Rostell. Shlotheimi* Rœmer et *R. minuta* Muller. Or, ainsi que l'a fait remarquer M. Stanton dans la publication précitée, toutes ces espèces diffèrent essentiellement de *Lispodesthes nuptialis* par l'absence de digitation inférieure, adhérente à la spire ; leur aile, d'ailleurs beaucoup moins digitée, se rattache directement à la suture du dernier tour, de sorte que l'opinion de M. Stanton, sur le classement de ces formes dans la Section *Perissoptera* Tate, est tout à fait exacte.

Mais je ne suis pas d'accord avec M. Stanton sur le classement de *Lispodesthes* parmi les *Strombidæ* : pour justifier ce classement, M. Stanton s'appuie surtout sur la ressemblance de *L. nuptialis* avec *Pugnellus*, et particulièrement avec *P. fusiformis* Meek, dont une figure (n° 9) représente précisément sur la même Planche un individu qui a incontestablement le même aspect général ; toutefois, dans cette comparaison, M. Stanton a négligé un détail essentiel : tandis que *Pugnellus* possède une sinuosité bien échancrée entre l'aile et le rostre, pour le passage du siphon de l'animal, — sinuosité parfaitement dessinée sur la figure et existant d'ailleurs sur les plésiotypes de *Pugnellus* que j'ai figurés ci-dessus, — il n'y en a aucune apparence sur la figure de *Lispodesthes nuptialis*, pas plus qu'il n'en est fait mention dans la diagnose. Or, d'après le critérium que j'ai admis pour séparer les *Strombidæ* des *Aporrhaidæ*, — et il n'y en a pas d'autres pour différencier ces deux Familles, — cela seul suffit pour décider le classement de *Lispodesthes* dans la seconde, c'est-à-dire dans le Sous-Genre *Chenopus*, caractérisé par deux digitations latérales et par une troisième adhérente à la spire.

Si on compare, dans ce Sous-Genre, *Lispodesthes* à *Tessarolax*, on trouve qu'il s'en distingue par son galbe et par sa spire toujours lisse et encroûtée d'une callosité à l'âge adulte.

Répart. stratigr.

TURONIEN. — Deux espèces réunies en une seule par M. Stanton, dans la formation crétacique du Colorado : *Anchura nuptialis* White, *L. linguifera* White, d'après la Monographie précitée de M. Stanton.

QUADRINERVUS, *nov. subgen.*   Type : *Pterocera ornata* (1), Buv. Séq.

(= *Ornitopus*, Piette 1891,

non Ornithopus Gardn. 1875, *nec* Hitche 1848).

Taille moyenne ; forme fusoïde, spire médiocrement allongée; tours convexes, les derniers anguleux, ornés de filets spiraux ; dernier

---

(1) Je me vois dans la nécessité de changer le nom de cette espèce-type qui, appartenant au Genre *Chenopus*, tombe en synonymie avec l'espèce turonienne, type du Sous-

Chenopus (Quadrinervus)

tour tricaréné, avec un cordon et de minces filets dans chaque intervalle; quelques crénelures sur les deux carènes inférieures, quelquefois reliées par des côtes ou des bosses axiales ; rostre antérieur large à la base, pointu à l'extrémité, presque droit, séparé de l'aile par un large sinus ; aile palmée à quatre nervures aboutissant à des digitations aiguës, les trois latérales dans le prolongement des trois carènes du dernier tour, la postérieure dans le prolongement du cordon supra-sutural, recourbée parallèlement à la spire dont elle dépasse le sommet, et à laquelle elle est reliée par une étroite palmure qui se détache de l'avant-dernier tour. Ouverture inconnue.

Diagnose établie d'après un échantillon de l'espèce-type, des Calcaires gris de la Meuse (Pl. V, fig. 11), coll. de l'Ecole des Mines.

Rapp. et diff. — Ce Sous-Genre ne peut rester confondu avec *Chenopus*, comme l'a cru et comme l'a exprimé M. Piette, dans la rédaction de la plus plus grande partie des feuillets de la Paléontologie française : il est vrai qu'à la fin du volume (p. 504), après la publication du Manuel de Fischer, il est revenu sur cette question, en proposant un classement des Chénopidés jurassiques, et il a alors proposé de désigner les coquilles en question, qui ne sont pas de vrais *Chenopus*, par le nom *Ornitopus* (plus correctement *Ornithopus*, ορνιθος πους) qui ne peut être conservé, ayant été plusieurs fois préemployé, et en dernier lieu par M. Gardner pour *Tessarolax*. Je propose donc *Quadrinervus* qui correspond bien au caractère principal et distinctif de ce Sous-Genre : quatre nervures ou digitations sur l'aile, outre le canal antérieur, tandis que *Chenopus s. s.* et ses Sections n'en ont que trois ; en outre, la digitation postérieure est plus détachée du corps de la spire, et elle ne s'y rattache que par une étroite palmure, comme chez *Cyphosolenus*, par exemple. En résumé, *Quadrinervus* est très voisin de *Cyphosolenus*, mais on l'en distingue par l'existence d'une digitation en plus, par son aile plus largement palmée, par ses digitations plus courtes, moins grêles, et aussi par l'ornementation non crénelée de sa spire.

Répart. stratigr.

Charmouthien. — Un fragment douteux, à la partie supérieure des calcaires sableux de la Meuse : *Chenopus arenaceus* Piette, d'après la Paléont. franç.

Genre *Helicaulax*, qui est aussi un *Chenopus* ; je propose donc, pour celle du Séquanien : **Quadrinervus sequanicus,** *nobis.*

Chenopus (Quadrinervus)

BATHONIEN. — Une espèce à chacun des trois niveaux de l'Oolite : *Chenopus ?
alternans* Terq. et Jourdy, de la Moselle ; *C. ooliticus* Buv., des Ardennes ;
Fusus amœnus Piette, des calcaires marneux de Rumigny ; d'après la Paléont. franç.

CALLOVIEN. — Une espèce bien typique, dans la Haute-Marne : *Chenopus ve-
getus* Piette (*ibid.*).

OXFORDIEN. — Deux espèces dans le minerai ferrugineux de Viel-Saint-Rémy,
la seconde aussi dans le Boulonnais : *Chenopus magnificus* Piette, *Rostellaria elegans* Piette (*ibid.*).

RAURACIEN. — Cinq espèces dans le Boulonnais, la Meuse et la Charente-
Inférieure : *Aporrhais boucardensis* de Lor., *Chenopus gemmatus* Piette,
C. corallensis Buv., *C. modestus* Piette (*ibid.*).

SEQUANIEN. — Plusieurs espèces, les unes dans les calcaires marneux de la
Meuse: *Pterocera filosa, P. ornata* Buv., *P. Eudora* d'Orb., *Chenopus Lon-
queucanus* Buv., d'après la Paléont. franç. ; les autres dans l'Yonne :
C. acuticarinatus Buv., *C. anatipes* Buv., coll. Peron.

KIMERIDGIEN. — Nombreuses espèces dans le Ptérocérien du Jura, daus les
marnes de l'embouchure de la Seine, dans le Boulonnais : *Chenopus Etal-
loni* Piette, *C. pustulosus* Piette, *C. ovatus* Piette, *Pterocera musca* Desh.,
coll. Legay ; *C. Piettei* Buv., *C. varicosus* Buv., *C. Magdalenæ* Buv.,
C. mammosus Piette, *Pterocera Thurmanni* Coutejeau, *P. hirsuta* Dollf.,
Chenopus Perroni Piette, *Alaria virgulina* de Loriol, d'après la Paléont.
franç.

PORTLANDIEN. — Quatre espèces dans les calcaires de l'Yonne et de la Meuse:
Rostellaria autissiodorensis Cotteau, coll. Peron ; *Rostellaria nuda* Buv.,
Aporrhais icaunensis de Lor., *Chenopus Demogetinus* Buv., d'après la Paléont. franç. Une espèce probablement nouvelle et à tours plus anguleux
que les précédentes, dans le banc noir moyen des environs de Boulogne,
coll. Legay.

NEOCOMIEN. — Une espèce très probable, quoique les fragments soient dé-
pourvus de digitation postérieure, dans les calcaires ferrugineux de
l'Yonne : *Aporrhais foudriatensis* Peron, d'après les échantillons-types
figurés par cet auteur (Etude paléontol. terr. de l'Yonne. — Néoc., p. 116,
Pl. IV, fig. 3).

HELICAULAX, Gabb, 1868 ([1]).   Type : *Rostellaria ornata*, d'Orb. Tur.

Taille moyenne ; forme fusoïde ; spire turriculée, à galbe conique ;
tours nombreux, d'abord convexes et lisses, puis costulés et enfin
anguleux et subnoduleux sur l'angle ; dernier tour inférieur ou au

____

(1) Amer. Journ. Conchol., p. 145.

plus égal à la moitié de la hauteur totale, y compris le rostre, un peu bossué ou obtusément gibbeux à l'opposé du labre, à base arrondie, excavée sur le cou ; rostre antérieur court, droit, pointu à son extrémité, raccordé à sa base avec l'aile par une courbe à peine sinueuse. Ouverture irrégulière, peu élargie au milieu, avec une profonde gouttière postérieure, graduellement rétrécie sur le canal antérieur ; labre séparé du rostre par une légère sinuosité à peine versante, prolongé latéralement par une seule digitation unciforme, large, à contours sinueux, à extrémité pointue et recourbée, avec une nervure extérieure qui fait suite à la carène du dernier tour, à surface interne charnue et obtusément rainurée vers le bas ; digitation postérieure étroite, adhérant sur presque toute la longueur de la spire, et seulement détachée des premiers tours où elle s'infléchit légèrement, sa pointe effilée dépassant notablement le sommet de la spire ; columelle excavée en arrière, droite en avant ; bord columellaire à peine calleux, peu distinct de la base, se confondant en arrière avec la digitation du labre.

Diagnose refaite d'après des échantillons de l'espèce-type, des grès turoniens d'Uchaux (Pl. V, fig. 12), coll. de l'Ecole des Mines.

Rapp. et diff. — Ce Sous-Genre est un de ceux qui se distinguent le plus facilement de *Chenopus*, non seulement par la disposition unciforme de son unique digitation latérale, et par la longueur de sa digitation postérieure qui adhère à la plus grande partie de la spire, mais encore par l'atténuation de son sinus antérieur qu'il ne faut pas confondre avec la sinuosité adventive et beaucoup plus profonde du contour supérieur de l'aile digitée. D'autre part, si on compare *Helicaulax* avec *Tessarolax*, on trouve que si le premier se rapproche du second par l'adhérence de sa digitation postérieure, il s'en écarte par son unique digitation latérale et unciforme, par son rostre antérieur moins effilé, non courbé. Quant à *Quadrinervus*, son aspect est tout à fait différent, avec son aile palmée et polydactyle : il n'y a pas de rapprochement à faire.

Diagnose refaite d'après des échantillons de l'espèce-type, des grès turoniens d'Uchaux (Pl. V, fig. 12), coll. de l'Ecole des Mines.

Répart. stratigr.
? ALBIEN. — Une espèce douteuse, si elle est réellement bidigitée, dans le « Shasta group » de la Californie : *H. bicarinatum* Gabb (Pal. of. Calif. II,

Chenopus (*Helicaulax*

p. 166), et d'après deux échantillons du Musée de Washington, communiqués par M. Stanton.

CÉNOMANIEN. — Une espèce dans les argiles de Sewitz (Bohême) : *Rostellaria Buchi* Goldf., d'après la figure publiée par M. Fritsch (Böhm. Kreide, II, p. 107, fig. 51).

TURONIEN. — L'espèce-type ci-dessus figurée dans les grès de Vaucluse, ma coll., coll. Peron. Deux espèces dans les couches de Gosau : *Rostellaria granulata* Sow., *R. gibbosa* Zekeli, d'après la Monographie de cet auteur (Gastr. Gosaugeb. 1852, p. 66, pl. XII, fig. 3, 7-8).

SÉNONIEN. — Une espèce dans le « Martinez group » de Californie : *H. costatum* Gabb, d'après l'auteur (*loc. cit.*, p. 167, pl. XXVIII, fig. 48). Une espèce dans les sables de Vaals, près d'Aix-la-Chapelle : *Rostellaria granulata* Sow., d'après la figure de la Monographie de M. Holzapfel (Palæontog. XXXIV, pl. XII, fig. 6-8) : toutefois, il me paraît douteux que ce soit la même que dans le Turonien.

ARÆODACTYLUS, Harris et Burrows, 1891 ([1]).

Type : *Ischnodactylus Plateaui*, Cossm. Paléoc.

(= *Ischnodactylus*, Cossm. 1889, *non* Chevrolat 1877).

Taille assez grande ; forme turriculée, fusoïde ; spire longue, à galbe conique ; tours nombreux, d'abord lisses et convexes, puis carénés au milieu, portant en outre un cordon spiral moins saillant, de part et d'autre de cette carène ; dernier tour égal à la moitié de la hauteur totale, faiblement gibbeux du côté latéral opposé à l'aile, par suite de la saillie un peu plus grande des carènes ; base un peu convexe, ornée de cordons carénés et écartés, plus atténués sur le cou qui est un peu excavé ; rostre antérieur long, effilé, presque droit à son extrémité, un peu infléchi à sa jonction avec l'aile dont il est séparé par une légère sinuosité non versante ; labre formant en avant, en deçà de la sinuosité basale, un pavillon arqué et un peu saillant, puis muni d'une seule digitation latérale, grêle et très longue, à peu près horizontale, dont la nervure est dans le prolongement de la carène du dernier tour, avec une rainure médiane à l'intérieur ; digita-

____

(1) *Bull. of the Geol. Assoc.*, 3 avril 1891. — Notes on the « List of Moll. Edw. Coll. », p. 112.

tion postérieure étroite, rectiligne, appliquée sur toute la longueur de la spire qu'elle dépasse très peu au sommet, rainurée par le prolongement de la gouttière de l'angle inférieur de l'ouverture ; columelle un peu excavée, recouverte par un bord calleux assez large qui se relie en avant avec le rostre, en arrière avec le bourrelet de la gouttière et de la digitation postérieure.

> Diagnose refaite et corrigée d'après un échantillon néotype de l'espèce-type, recueilli par M. Staadt dans le Thanétien des environs de Châlons-sur-Vesle (Pl. V, fig. 16 et 20), ma collection.

Rapp. et diff. — Le nom de cette Section a été changé pour corriger un double emploi commis par moi, dans le IV⁰ volume de mon « Catalogue illustré » (p. 87) ; elle doit être classée dans le Sous-Genre *Helicaulax* à cause de son unique digitation latérale ; mais cette digitation latérale est bien plus grêle, plus rectiligne, au lieu d'être unciforme et recourbée ; d'autre part, la digitation postérieure adhère à la spire et ne s'en détache pas, comme cela a lieu chez *Helicaulax* ; enfin le rostre antérieur est plus long, plus grêle, avec une sinuosité basale plus visible ; je ne cite que pour mémoire la différence complète de l'ornementation de la spire, qui n'est pas costulée axialement, mais qui porte des funicules spiraux et carénés.

J'ai été obligé de supprimer dans la diagnose ci-dessus un caractère important que j'avais cru y voir, et qui existait dans la diagnose originale ainsi que sur la figure (*loc. cit.*, Pl. II, fig. 28-30), d'après l'échantillon-type qui avait été restauré: lorsque M. Plateau me l'avait communiqué, cet échantillon portait une digitation supplémentaire sur le pavillon antérieur de l'aile. Or, le néotype parfaitement intact qu'a recueilli M. Staadt, ne permet de conserver aucun doute à cet égard, attendu que le contour du labre ne porte absolument aucune trace de saillie entre la digitation latérale et la sinuosité basale ; aucune cassure ne s'est produite en ce point du contour, et il est bien authentiquement certain que la digitation primitivement figurée par moi, avec des courbes de raccord qui sont le résultat d'une restauration trop complaisante, n'était probablement que l'extrémité de l'unique digitation latérale, précisément cassée sur l'échantillon-type, et recollée à tort à un autre emplacement que celui dont elle provenait.

Répart. stratigr.

Paleocene. — Le néotype ci-dessus figuré, dans les sables thanétiens de Chenay, ma collection.

PHYLLOCHILUS, Gabb, 1868. Type : *Pterocera Ponti*, Brongn. Kim.
(= *Malaptera*, Piette 1876, *non Malapterus*, Cuv. et Val. *Pisc.* 1839).

Test peu épais ; taille assez grande ; forme ventrue, buccinoïde,
abstraction faite de l'aile ; spire médiocrement allongée, à galbe con-
noïdal ; tours convexes, généralement ornés de stries spirales, devenant peu à peu bianguleux ; dernier tour supérieur aux deux tiers
de la hauteur totale, y compris son expansion antérieure, orné de
trois carènes spirales et de nodules plus ou moins réguliers, formés
par des bosses axiales ; base convexe, portant deux ou trois cordons
subnoduleux et des filets spiraux, jusque sur le cou qui est recourbé
avec le rostre. Ouverture étroite, avec une large gouttière postérieure, munie en avant d'un rostre qui est confondu dans l'expansion
de l'aile, et qui est court, recourbé en dehors et à droite, avec une
légère saillie digitée sur le contour de la palmure ; une légère sinuosité sépare cette nervure antérieure de la région latérale de l'aile
qui porte cinq nervures aboutissant à des saillies peu digitées et correspondant aux cinq carènes du dernier tour et de la base ; une
sixième nervure, beaucoup moins saillante que les précédentes, prend
naissance sur la rampe postérieure du dernier tour et se recourbe le
long de la spire dont elle dépasse beaucoup le sommet ; enfin une
septième nervure rudimentaire existe encore dans la partie de l'aile
qui se réfléchit en arrière sur le bord opposé de la spire, de sorte
que, chez les individus très adultes, il ne reste qu'un faible espace
dégarni entre l'expansion antérieure et l'expansion postérieure, qui
circonscrivent presque totalement la périphérie axiale de la coquille ;
bord columellaire appliqué sur la base au milieu, détaché et lamel-
leux en avant et en arrière où il rejoint l'aile.

Diagnose complétée d'après des figures de l'espèce-type, d'après la var. *palliolata* Dollf., du Kiméridgien de la Hève, ma coll., et d'après un plésiotype
de l'Oxfordien supérieur de Vigneules : *Pterocera polypoda* Buv. (Pl. IV,
fig. 4), coll. de l'École des Mines.

Chenopus (*Phyllochilus*)

Observ. — Il y a deux motifs pour rejeter la dénomination *Malaptera*, proposée en 1876 par M. Piette (Note sur les coquilles ailées des mers jurass. p. 5): d'abord ce nom était préemployé, avec une terminaison masculine il est vrai, mais avec la même étymologie, pour un Genre de Poissons ; en second lieu, huit années auparavant, Gabb avait proposé *Phyllochilus* pour le même groupe de coquilles, si ce n'est pour la même espèce-type. M. Piette a indiqué pour son Sous-Genre (Pal. fr. p. 349) trois types dont le premier est *M. polypoda* et le second *M. Ponti*, c'est-à-dire précisément l'espèce-type de *Phyllochilus* : donc l'identité des deux noms n'est pas douteuse.

Rapp. et diff. — Ce Sous-Genre se distingue de *Chenopus* par son aile beaucoup plus palmée, munie de nervures beaucoup plus nombreuses, embrassant presque toute la spire, enfin par les bosses qui ornent son dernier tour ; à part ce dernier caractère, d'importance d'ailleurs très secondaire, le Sous-Genre *Phyllochilus* ressemble bien davantage à *Pterocera* qu'à *Chenopus* ; aussi n'est-il pas surprenant que toutes les espèces nommées par d'anciens auteurs soient désignées comme *Pterocera*. Mais il s'en écarte essentiellement par l'absence d'un véritable sinus basal comme il en existe chez tous les *Strombidæ* : la faible sinuosité, qui existe en avant, entre la nervure du rostre et la région latérale de l'aile, est à peine échancrée et beaucoup plus atténuée même que la sinuosité qu'on constate chez *Chenopus*, de sorte que *Phyllochilus* appartient bien à la Famille *Aporrhaidæ*.

Si on le compare à *Quadrinervus*, on trouve que les nervures ou digitations sont, au total, en plus grand nombre et moins saillantes, que l'aile est davantage réfléchie, tandis que, chez *Quadrinervus*, elle n'adhère à la spire que par une digitation qui s'en écarte rapidement.

En résumé, on voit croître, de Sous-Genre en Sous-Genre, le nombre des digitations de l'aile, depuis *Helicaulax* jusqu'à *Phyllochilus*, en passant par *Arrhoges*, *Chenopus* et *Quadrinervus* ; le maximum se rencontre chez *Phyllochilus*, et c'est aussi le groupe chez lequel l'aile est le mieux palmée et le plus embrassante. D'autre part, il est remarquable par sa longévité, pendant la plus grande partie de la période mésozoïque : il y a peu de coquilles ailées qui aient vécu, comme lui, du Bajocien au Danien.

Répart. stratigr.

 Bajocien. — Une espèce dans les argiles du Lincolnshire : *Pterocera Bentleyi* Morr. et Lyc., d'après les figures de la Monographie de M. Hudleston, (*Pal. Soc.* 1896, p. 101, Pl. III, fig. 4).

 Bathonien. — Une espèce dans la Grande Oolite de la Vienne : *Pterocera pictaviensis* d'Orb., d'après la Paléont. franç. (vol. III) ; la même espèce, ou une variété à nervures plus saillantes, dans les calcaires de Laives (Saône-et-Loire), coll. Locard.

 Callovien. — Une espèce dans la Sarthe et la Haute-Marne : *Pterocera Arthemis* d'Orb., d'après la Monographie précitée de M. Piette.

Chenopus (*Phyllochilus*)

OXFORDIEN. — Plusieurs espèces dans les Calcaires blancs supérieurs de la Meuse; *Chenopus Burgundus* Piette, *Pterocera polypoda* Buv. (= *P. stella* d'Orb.), d'après la Paléont. franç. Une espèce nouvelle dans les couches siliceuses de la Meurthe : *Phyllochilus Schlumbergeri* Cossm. (Voir l'annexe ci-après, Pl. V, fig. 3 et 5.)

RAURACIEN. — Une espèce dans les couches coralligènes du Jura bernois : *Pterocera rupellensis* Etallon, d'après la Paléont. franç. ; comme cette dénomination fait double emploi avec celle antérieure de d'Orbigny, qui s'applique à un *Harpagodes*, je propose, pour l'espèce d'Etallon : **Phyllochilus jurensis**, *nobis*.

SÉQUANIEN. — Une espèce voisine de *P. polypoda*, mais à spire plus élancée, dans le calcaire du mont des Boucards, aux environs de Boulogne, coll. Legay.

KIMERIDIEN. — Plusieurs espèces, soit dans les argiles de l'embouchure de la Seine, soit dans les calcaires marneux de la Meuse et de la Franche-Comté : *Pterocera vespertilio* Desl., *P. Saillettea*, *P. minor* Buv., d'après la Paléont. franç.; *Strombus Ponti* Brongn., dans l'Yonne et dans l'Aube, coll. Peron ; une variété de ce dernier, à la Hève : *Pterocera palliolata* Dollf., ma coll.

NEOCOMIEN. — Deux espèces bien caractérisées, dans l'Aube : *Pterocera speciosa* ([1]) d'Orb., *Aporrhais doctoris* Peron (= *Pt. Dupiniana* d'Orb., *non Rostellaria Dupiniana* d'Orb.), d'après les figures de la Paléont. franç. (Terr. crét.), d'après les observations du Mémoire de M. Peron sur le Néocomien de l'Yonne (p. 113), et d'après le néotype, coll. Peron.

APTIEN. — Une espèce incertaine, à l'état de moule et à aile incomplète, dans les bancs supérieurs de Josa (Aragon) : *Aporrhais Gasullæ* Coquand, d'après la Monographie de cet auteur sur l'Aptien d'Espagne (Pl. VI, fig. 8).

CÉNOMANIEN. — Une espèce de petite taille, dans le « Jallais » des environs du Mans, simplement citée par d'Orbigny dans son Prodrome sous le nom *Pterocera Verneuili*, d'après l'échantillon-type, dans la Coll. de l'Ecole des Mines (Voir l'annexe ci-après, pl. V, fig. 13 et 157).

TURONIEN. — Une espèce dans les couches supérieures de Gosau : *Pterocera Haueri* Zekeli, d'après la figure publiée dans la Monographie de cet auteur.

SANTONIEN. — Une espèce à peu près certaine, dans les couches infra-sénoniennes de la Tunisie : *Pterocera Cotteaui* Thomas et Peron, d'après l'exploration de la Tunisie (Pl. XX, fig. 11-12). Une espèce assez fruste, plus globuleuse que la suivante, dans le Sénonien inférieur de Castillet (Var) : *Pterocera Toucasi* d'Orb., ma coll. (échantillon recueilli par M. Michalet).

DANIEN. — Une espèce à aile à peu près conservée, dans le Crétacé supérieur d'Algérie et de Tunisie : *Pterocera Fourneli* Coquand, ma coll.

([1]) Par une singulière coïncidence, *Strombus speciosus* Schloth. et *Pterocera speciosa* d'Orb., qui ne sont, ni l'un ni l'autre, des *Strombidæ*, se trouvent placés, d'après notre classement de la Famille *Aporrhaidæ*, le premier dans le Genre *Arrhoges*, le second dans le Genre *Chenopus*, puisque c'est un *Phyllochilus*. Il n'y a donc pas, à proprement parler, de double emploi à rectifier.

Chenopus (*Phyllochilus*)

PTEROCERELLA, Meek, 1864.   Type : *Chenopus tippanus*, Conr. Crét.

Taille moyenne ; forme trapue ; spire médiocrement allongée, à galbe conoïdal ; tours peu convexes ou à peine anguleux, paraissant lisses, séparés par des sutures finement rainurées ; dernier tour grand, bicaréné, ventru, à labre prolongé par une aile très étendue, qui embrasse les trois-quarts de la périphérie de la coquille, et qui est découpée en lobes séparés par de profondes échancrures : lobe antérieur trinervé en éventail, la nervure correspondant au rostre se recourbe immédiatement et se prolonge par une digitation aiguë qui redescend au niveau de l'avant-dernier tour, tandis que les deux autres nervures, l'une verticale ou à peine infléchie et l'autre oblique, aboutissent à des digitations aiguës, mais moins longues que la première, de sorte que le contour du lobe est à peu près celui d'une aile de dragon ; lobe médian uninervé et peu développé, formant une exfoliation comprise en deux échancrures ou « fjords » qui atteignent presque la région convexe et dorsale du dernier tour ; lobe inférieur binervé, largement étalé et se rattachant au sommet de la spire, quoiqu'il soit séparé de l'avant-dernier tour par une échancrure close, assimilable à un « lac ».

Diagnose complètement refaite d'après des échantillons de l'espèce-type du Crétacé de Ripley (Mississipi), communiqués par le Musée de Washington (Fig. 3).

Rapp. et diff. — Sans l'obligeance de M. Stanton, qui a obtenu pour moi la communication des échantillons typiques ci-dessus figurés, il m'eût été impossible de me rendre compte exactement de ce que pouvait représenter le Genre de Meek,

3

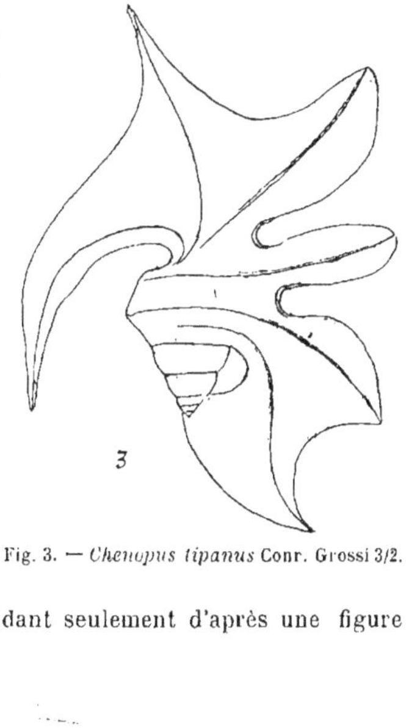

Fig. 3. — *Chenopus tipanus* Conr. Grossi 3/2.

créé sur un type incomplet, et en me guidant seulement d'après une figure

très sommaire du Manuel de Tryon. En réalité, *Pterocerella*, paraît être un
Phyllochilus dont l'aile est échancrée par des découpures qui pénètrent très
profondément dans sa surface; l'une de ces échancrures est entièrement close,
chez les adultes, par le rattachement du lobe inférieur aux premiers tours de
spire. A ce dernier point de vue, il est logique de se demander si *Pterocella*,
dont l'aile se détache sans adhérer réellement à l'avant-dernier tour et ne se
rattache qu'adventivement aux premiers, est bien à sa place dans le Genre *Chenopus*, et si cette Section ne devrait pas être plutôt classée près de *Perissoptera*
et surtout près de *Tridactylus* dont les lobes antérieurs ont, comme on le verra
ci-après, presque la même disposition? Il est vrai que *Tridactylus* a une ouverture détachée, et qu'il n'y existe aucune connexion entre l'aile et la spire. Dans l'é-
tat actuel de nos connaissances, l'ouverture de *Pterocerella* étant inconnue, et
d'autre part lar essemblance de cette coquille avec *Phyllochilus* étant complète,
sauf l'échancrure close entre l'avant-dernier tour et le sommet, j'ai trouvé plus
naturel l'arrangement que je propose, malgré la légère exception qui en résulte
pour le choix de mes critériums génériques. Il ne faut pas perdre de vue, d'ailleurs, qu'il s'agit d'une forme assez variable, selon l'âge de la coquille : la diagnose très complexe que j'en ai donnée ci-dessus, s'applique à un individu complètement adulte ; mais, avant d'en arriver à ce point, l'aile affecte une disposition moins compliquée, ainsi que j'ai pu le constater sur quelques-uns des
échantillons communiqués qui n'avaient pas encore l'échancrure close. Peut-
être en est-il de même chez *Tridactylus*, et il est possible qu'on trouve ultérieurement ce dernier muni d'un prolongement de l'aile qui le rapprocherait
de *Pterocerella*.

Répart. stratigr.

Cenomanien. — Outre l'espèce-type, dans le groupe « Ripley » des Etats-
Unis, une espèce probable sur laquelle M. Gardner croit avoir aperçu la
trace d'une adhérence de l'aile à la spire, dans les « grès verts supérieurs »
de Blackdown : *Aporrhais macrostoma* Sow. (*Geol. Mag.* 1874, p. 291,
pl. VII, fig. 2).

Maussenetia nova sectio.   Type : *M. Staadti, n. sp.* Paléoc.

Taille grande ; forme fusoïde, assez ventrue ; spire turriculée, aiguë au sommet, à galbe légèrement extraconique ; tours nombreux,
d'abord convexes et ornés de cinq cordons spiraux et obsolètes, séparés par des sutures peu profondes, devenant anguleux au milieu,
en même temps que les cordons sont plus saillants et plus épais.
Dernier tour égal à la moitié environ de la hauteur totale, y com-

Chenopus (*Phyllochilus*)

pris le rostre, irrégulièrement et obtusément bossué sur sa face
ventrale, tandis que, sur la face dorsale, la carène médiane devient
beaucoup plus tranchante ; base ornée de cordons écartés, excavés
sur le cou. Ouverture tout-à-fait rétrécie entre l'aile et la surface
pariétale de la coquille, terminée en avant par un rostre un peu
allongé, droit, effilé à son extrémité, séparé de l'aile par une large
sinuosité versante et échancrée ; aile étendue, large et demi-circu-
laire, digitée surtout en arrière où elle est détachée du sommet de la
spire, munie de cinq ou six nervures peu saillantes, auxquelles correspondent intérieurement des rainures peu profondes et rapidement atténuées à partir du bord ; columelle oblique, presque rectiligne ; bord columellaire calleux, étalé, limité par un bourrelet très
saillant sur la base.

Diagnose établie d'après l'unique échantillon complet de l'espèce-type, du
Thanétien de Jonchery (Pl. IV, fig. 8 et 9), ma coll., recueilli par M. Staadt;
et d'après un fragment d'aile, coll. Maussenet.

Rapp. et diff. — Par son aile très étalée et par sa large sinuosité basale, cette
magnifique coquille, qui récemment encore était ignorée de tous les collection-
neurs du Bassin de Paris, pourrait être rapprochée de certains *Hippocrene* ;
mais son ornementation et ses digitations correspondant à des nervures, la
rattachent au Genre *Chenopus*, dans lequel elle forme une transition entre
Quadrinervus et *Phyllochilus*, s'écartant du premier par ses digitations et ses
nervures plus nombreuses, par sa sinuosité plus fortement échancrée, et du
second par son aile non embrassante, des deux, par son ornementation et par
son bord columellaire limité par un bourrelet. Quoi qu'il en soit, il ne me paraît douteux que *Maussenetia* est le successeur de ces *Aporrhaidæ* épanouis qui
ont duré pendant toute l'époque mésozoïque, et que, d'autre part, son aile peu
digitée et sa sinuosité basale en font l'ancêtre évident des grands *Hippocrene* de
l'Eocène, de même que ceux-ci paraissent avoir donné naissance aux modernes
Strombidæ. Ainsi, la découverte de cette splendide coquille, à un niveau où le
test des mollusques est cependant bien fragile, est intéressante non seulement
en elle-même, mais encore et surtout par ce qu'elle atteste la filiation qui relie,
depuis la base du Jurassique jusqu'aux mers actuelles, les premières coquilles
ailées aux véritables *Strombus*.

Répart. stratigr.
   PALEOCENE. — L'espèce type dans les sables thanétiens de la Vesle (Marne),
      ma collection.

ARRHOGES, Gabb, 1868.

Coquille chenopodiforme, à rostre assez court, à aile palmée, peu adhérente en arrière, sans digitation postérieure ; sinus basal faible.

Arrhoges, *sensu stricto.* Type : *Chenopus occidentalis*, Beck. Viv.
(= *Goniocheila*, Gabb 1868, *non Goniochile* Bell, *Crust.* 1858 ;
= *Alipes*, Conr. 1865, *sine desc.*).

Taille moyenne ou petite ; forme fusoïde et peu ventrue ; spire élancée, à galbe conique ; tours nombreux, convexes, obliquement costulés, finement sillonnés dans les intervalles des côtes ; dernier tour inférieur ou au plus égal à la moitié de la hauteur totale, souvent bi-anguleux, quelquefois arrondi, à peine excavé à la base. Ouverture assez large, courte, avec une étroite gouttière postérieure, terminée en avant par un rostre droit et très court, parfois réduit à un simple bec assez large, et séparé de l'aile par une imperceptible sinuosité faiblement évasée au dehors ; labre formant une expansion aliforme, large, subquadrangulaire, non festonnée ni latéralement digitée, quoique divisée extérieuremont par deux nervures plus ou moins obsolètes, qui correspondent aux deux angles souvent à peine marqués du dernier tour et qui aboutissent aux deux sommets du contour de l'aile ; celle-ci se termine au bas par une sorte de bec subdigité et un peu recourbé ; pas de digitation postérieure, l'aile étant simplement adhérente aux deux avant-derniers tours, le long de la gouttière de l'ouverture, et échancrée en demi-cercle entre la spire et le bec ci-dessus indiqué ; bord columellaire mince, largement étalé sur la base et sur une partie de l'avant-dernier tour.

Diagnose complétée d'après un échantillon de l'espèce-type, ma coll. (donné par M. Dall) ; et d'après un plésiotype très voisin, du Paléocène des environs de Paris : *Chenopus analogus* Desh. (Pl. V, fig. 6-7), ma coll. et coll. de l'École des Mines.

Rapp. et diff. — L'absence complète de digitations, la forme large, lobée ou subquadrangulaire de l'aile qui porte simplement un bec à son extrémité inférieure, la brièveté de son attache postérieure sur la spire, justifient la séparation de ce Genre distinct de *Chenopus*. Si on le compare à *Helicaulax*, on remarque que son aile lobée ne ressemble pas à l'unique digitation latérale de ce dernier Sous-Genre, et qu'elle n'adhère pas à la spire suivant une longue digitation postérieure comme celle d'*Helicaulax*.

Quant à *Goniocheila* Gabb (qu'il faut écrire *Goniochila*, puisque la diphtongue ει n'existe pas en latin), c'est une forme très voisine d'*Arrhoges*, ainsi que Meek l'a lui-même signalé : le type (*Alipes liratus* Conr. *sine desc.*) a le rostre un peu plus pointu que le bec d'*A. occidentalis* ; mais notre plésiotype paléocénique a un rostre intermédiaire, de sorte qu'on serait embarrassé pour le rapporter soit à *Arrhoges*, soit à *Goniochila* ; il ne faut donc pas attacher d'importance à cette petite différence qui ne paraît même pas constante. D'ailleurs, *Goniochila* aurait fait double emploi avec *Goniochile* qui est préemployé ; d'autre part, on ne pourrait réellement pas reprendre *Alipes* Conr., quoique ce nom soit antérieur de trois ans à *Arrhoges*, parce que c'est un simple nom de liste qui n'a eu d'existence officielle que par la publication de Meek (1876), ce dernier auteur l'ayant admis comme Sous-Genre d'*Aporrhais*.

Répart. stratigr.

SÉNONIEN. — Une espèce très probable, dans les « couches de Chlomek » à Kreslingswalda (Bohème) : *Rostellaria anserina* Nilsson, d'après la figure publiée par M. Fritsch (Böhm. Kreide, VI. p. 45, fig. 38). Une espèce dans l'Emschérien inférieur du Colorado : *Goniocheila castorensis* Whitf., d'après la Monographie de M. Stanton (Color. form. p. 143, pl. XXXI, fig. 1); une autre espèce dans l'Utah : *Anchura ruida* White, d'après M. Stanton (*ibid.* p.145, pl. XXXI, fig. 3-4).

PALÉOCÈNE. — Le plésiotype ci-dessus figuré, dans le Thanétien de l'Oise et de la Marne, ma coll. Une autre espèce à la partie inférieure du Modunien de la Fère : *Chenopus Heberti* Deshayes, d'après la figure publiée par cet auteur (An. s. vert. III, p. 441, Pl. XCII. f. 3).

EOCÈNE. — Une espèce probable, dans les Lignites sparnaciens de la montagne de Laon : *Chenopus dispar* Deshayes, d'après la figure publiée par cet auteur (*ibid.* p. 443, Pl. LXXXIX, fig. 5-6).

OLIGOCÈNE. — — Une espèce dans le Stampien d'Étampes et de l'Allemagne du Nord : *Strombus speciosus* Schloth., ma coll. (Voir à ce sujet la note infrapaginale ci-dessus, p. 69).

MIOCÈNE. — L'espèce-type de *Goniochila*, aux États-Unis : *Alipes liratus* Conrad, d'après la figure du Manuel de Tryon. Une espèce dans l'Helvétien de la Touraine : *Chenopus Hupei* Mayer, ma collection.

PLIOCÈNE. — Une espèce bien caractérisée, dans le Plaisancien des Alpes-Maritimes : *Aporrhais alata* Eichw., ma coll., et en Volhynie d'après Eichwald (*Leth. ross.* p 225).

ÉPOQUE ACTUELLE. — L'espèce-type sur les côtes des États-Unis, ma coll.

Drepanochilus , Meek, 1864 ([1]).   Type : *D. Evansi* Cossm. (= *Rostell*
americana Evans et Sh.). Sén.
(= *Dimorphosoma*, Gardner 1875).

Taille en général petite, ou au-dessous de la moyenne ; forme
fusoïde, peu ventrue ; spire turriculée, à galbe conique ; tours assez
nombreux, convexes, d'abord lisses, puis obliquement costulés et
finement décussés par des filets spiraux dans leurs intervalles ; dernier
tour bianguleux, l'angle inférieur subcaréné, muni de quelques cordons écartés sur la base qui est déclive, un peu excavée sous le cou.
Ouverture irrégulièrement étroite, avec une large gouttière postérieure, terminée en avant par un bec court et droit, pointu à son
extrémité ; labre dilaté par une digitation unciforme qui est séparée
du bec par une légère sinuosité ; elle porte une nervure médiane
dans le prolongement de la carène inférieure du dernier tour, et
elle est rainurée à l'intérieur vis-à-vis de cette nervure, puis elle se
recourbe en crochet un peu aigu à son extrémité libre ; digitation
postérieure tout-à-fait rudimentaire, réduite à une gouttière qui
n'adhère qu'à l'avant-dernier tour seulement ; columelle excavée, lisse
recouverte par un bord calleux qui s'étale sur une partie de la base
et qui est limité par un bourrelet saillant, en conjonction avec la
gouttière postérieure.

Diagnose refaite d'après des échantillons de l'espèce-type, du Crétacé supé-
reur du Dakota (Pl. VI, fig. 11-12), Musée de Washington, communiqués
par M. Stanton ; plésiotype européen, des grès cénomaniens de Blackdown :
Rostellaria calcarata Sow. (Pl. IV, fig. 10, et Pl. V, fig. 1, 2 et 14), coll. de
l'École des Mines.

(1) Check list Invert. (*Smithson. Instit.*), p. 35 ; *dein* 1876, *U. S. Geol. Surv.* (Upper
Miss. cret. Invert. p. 34). — Je suis obligé de changer le nom du type de ce Genre,
Evans et Shumard lui ayant donné, en 1857, une dénomination préemployée pour une
coquille néocomienne du Chili, en 1842, par d'Orbigny ; cette dernière est d'ailleurs un
Chenopus. Je propose donc : **D. Evansi** *nobis*, pour l'espèce du Dakota.

Rapp. et diff. — Cette Section est évidemment très voisine d'*Arrhoges* et ne s'en distingue que par l'adhérence encore plus restreinte de l'aile contre la spire ; indépendamment de ce caractère sectionnel, qui est d'ailleurs peu facile à saisir, on peut encore indiquer que l'aile a un contour plus unciforme, ressemblant davantage à un hameçon, et que le bec est plus court ; aussi, si le Genre *Drepanochilus* n'avait pas existé déjà, et s'il n'était même doublé par un synonyme (*Dimorphosoma*), je me serais fait un scrupule de proposer une Section distincte d'*Arrhoges*, attendu que j'ai épouvé un réel embarras quand il s'est agi de distribuer entre ces deux groupes les différentes espèces fossiles : on n'y parvient qu'en examinant très attentivement les échantillons eux-mêmes, plutôt que les figures qui ne relatent pas assez explicitement d'aussi faibles différences.

Quand il a proposé *Drepanochilus*, Meek l'a classé près d'*Anchura*, c'est-à-dire dans un groupe de coquilles qui ont le rostre très aigu et l'aile complètement détachée de la spire, sans aucune adhérence avec l'avant-dernier tour ; cette opinion m'avait primitivement induit en erreur, et mon incertitude n'a cessé que lorsque j'ai eu, grâce à l'obligeance de M. Stanton, communication des échantillons typiques de l'espèce américaine, type du Genre en question. Il me paraît maintenant bien évident que *Drepanochilus* doit être placé dans un Genre tout-à-fait distinct de celui auquel se rattache *Anchura*, c'est-dire auprès d'*Arrhoges*, comme je viens de le démontrer ci-dessus.

Cette rectification en amène immédiatement deux autres : d'abord, *Dimorphosoma* Starkie Gardner (1875), qui a pour type *Rostellaria calcarata* Sow., est génériquement identique à *Drepanochilus* ; je ne puis en effet, signaler aucun caractère différentiel entre cette coquille cénomanienne de Blackdown, et *Rostellaria americana* (= *D. Evansi*) qui est le type du Genre de Meek ; par conséquent, ces deux dénominations sont complètement synonymes. D'autre part, la majorité des auteurs ont réuni *Perissoptera* Tate avec *Drepanochilus*, au moins pour une partie des espèces ; or on verra plus loin que *Perissoptera* est une Section d'*Anchura*, chez laquelle l'aile n'est pas adhérente à la spire ; il faut donc renoncer à cette interprétation.

Répart. stratigr.

> APTIEN. — Une espèce très douteuse, à l'état de moule, à tours munis d'une rampe inférieure, dans l'Aptien supérieur de l'Aragon : *Aporrhais simplex* ('), Coquand, d'après la Monographie de cet auteur sur l'Aptien d'Espagne (Pl. VI, fig. 6-7).

> ALBIEN. — Une espèce dans le Gault inférieur de Cosne, confondue à tort avec le plésiotype de Blackdown : *Rostellaria Muleti* d'Orb., d'après la Monographie de M. de Loriol (Etudes sur la faune des couches du Gault de Cosne, p. 28, Pl. IV, fig. 1-6).

---

(1) *Aporrhais simplex* Coq., de l'Aptien et *Rostellaria simplex* d'Orb., du Turonien, étant tous deux des *Drepanochilus* qui n'appartiennent pas à la même espèce, le plus récent des deux en date, c'est-à-dire l'espèce aptienne de Coquant, doit recevoir un nom nouveau ; je propose : **Drepanochilus Coquandi**, *nobis*.

CENOMANIEN. – L'espèce plésiotype ci-dessus figurée, avec une espèce plus
ventrue, dans les grès verts supérieurs de Blackdown : *Aporrhais neglecta*
Tate, d'après la Monographie de M. Gardner (*Geologic. Mag.* 1875, p. 396,
Pl. XII).

TURONIEN. — Une espèce dans les couches supérieures de Gosau : *Rostellaria
Partschi* Zekeli, d'après la Monographie de cet auteur. Une espèce à peu
près lisse, sauf les côtes axiales, dans les grès d'Uchaux : *Rostellaria simplex* d'Orb., ma coll. coll. Peron. (V. la note infrapaginale, p. 76).

SENONIEN. — Une espèce dans les calcaires gris de Lyddenpont : *Dimorphosoma spatochila* Gardn., d'après la figure publiée par cet auteur (*loc. cit.*)
Une espèce à digitation postérieure très courte, mais ornée comme *Helicaulax*, dans l'Inde méridionale : *Rostellaria securiformis* Forbes, d'après
la figure de la Monographie de Stoliczka (Pl. II, fig. 2). Une espèce bien
caractérisée dans les sables de Vaals : *Rostellaria stenoptera* Goldf., d'après
la Monographie de M. Holzapfel. L'espèce-type dans le Missouri supérieur
(« Group Fox Hill ») d'après Meek. Une autre espèce plus douteuse, dans
le « Group Fort Pierre » : *Rostellaria nebrascensis* Evans et Shumard, d'après
Meek. (*loc. cit.*).

EOCENE. — Une espèce à aile très unciforme, dans les phosphates de la Tunisie : *Chenopus decoratus* (¹) Locard (Explor. scient. Tunisie), ma coll.

MONOCYPHUS, Piette, 1876 (*em.* 1891). Type : *Pter. camelus,* Piette. Bath.

Test assez mince. Taille au-dessous de la moyenne ; forme ovale,
ventrue, abstraction faite de l'aile ; spire peu allongée, à tours
d'abord convexes et lisses, puis bientôt anguleux et ornés de cordons
au-dessous de l'angle ; dernier tour à peu près égal aux deux tiers de
la hauteur totale, y compris le rostre, multicaréné et orné de filets

---

(1) Les échantillons munis de leur test qu'a rapportés M. Paul Bedé d'une récente
excursion aux environs de Sfax, me permettant de fixer le classement de cette coquille
qui n'était, jusqu'à présent, connue que par des spécimens informes, à l'état de moules :
sa forme est trapue, ses tours sont anguleux et noduleux, l'angle persistant sur le dernier tour dont la base porte en outre deux carènes concentriques : outre la digitation ou
gouttière adhérant à la plus grande partie de l'avant-dernier tour, l'aile porte une seule
digitation postérieure en crochet recourbé, qui est séparée de la portion adhérente par
un arc de cercle extérieurement bordé ; au-dessus du crochet terminal, l'aile décrit une
petite sinuosité qui aboutit à une légère saillie, correspondant au premier cordon basal ; il ne paraît pas y avoir de saillie vis-à-vis du second cordon basal, qui est simplement séparé par un sinus versant d'un bec antérieur, très court et faiblement contourné. Il m'a semblé qu'il serait intéressant de donner de nouvelles figures de cette
espèce (Pl. VIII, fig. 7-8), méconnaissable d'après la description et la figure originales.

spiraux, irégulièrement bossué et parfois même noduleux sur les carènes, par suite de ces bosses ; base funiculée et excavée sur le cou, à cause de la courbure du rostre qui est un peu allongé et pointu, séparé de l'aile par un sinus peu profond. Ouverture irrégulière, allongée, avec une étroite gouttière postérieure, obtusément comblée à la naissance du rostre ; labre muni d'une aile palmée, festonnée sur son contour plutôt que digitée, n'adhérant en arrière, à la spire, que sur la hauteur de l'avant-dernier tour, et munie, de ce côté, d'une sinuosité qui échancre un peu son contour inférieur ; la nervure postérieure de l'aile correspond généralement à une digitation un peu plus longue et plus creuse que les autres nervures ; bord columellaire mince, non détaché de la base, se raccordant avec la gouttière postérieure et avec le rostre antérieur.

Diagnose refaite d'après les échantillons de l'espèce-type (Pl. IV, fig. 6-7), coll. de l'Ecole des Mines.

Observ. — Le nom de cette Section a subi plusieurs vicissitudes : l'auteur l'avait d'abord orthographié *Monocuphus* (Notes sur les coq. ailées des mers jurass. 1876, et Pal. fr., p. 232) ; puis il l'a écrit *Monosiphus* (p. 431) et ensuite *Mononosyphus* (p. 504), et enfin, probablement sur le conseil de Fischer, qui l'a correctement orthographié dans son Manuel, *Monocyphus* (p. 537).

Rapp. et diff. — Cette Section se distingue d'*Arrhoges* par son rostre plus long, plus grêle et plus recourbé, par son aile plus festonnée sur son contour et même subdigitée en arrière ; elle se rattache évidemment à *Chenopus* par la tendance à l'existence de deux digitations latérales, quoique l'aile soit moins découpée : mais elle s'en écarte par son rostre antérieur qui est plus long et recourbé, ainsi que par la réduction rudimentaire de la digitation postérieure qui, chez *Chenopus*, au contraire, se développe bien davantage, en adhérant partiellement à la spire. Quant à *Drepanochilus*, son aile unciforme et unidigitée ne ressemble guère à l'aile palmée et multinervée de *Monocyphus* ; en outre, son bec est plus court que le rostre dont on constate l'existence chez ce dernier, quand la coquille est intacte.

En raison de leur forme trapue, les espèces de cette Section ont presque toutes été décrites comme étant des *Pterocera* ; toutefois, je ne crois pas nécessaire de répéter ici ce qui a déjà été dit ci-dessus au sujet de la différence capitale qui distingue des *Aporrhaidæ* ce Genre actuel de *Strombidæ*.

Répart. stratigr.

BATHONIEN. — Sept espèces aux différents niveaux de l'Oolite, dans les Ardennes, le Boulonnais, la Normandie et l'Angleterre : *Pterocera camelus* Piette, *P. atractoides, balanus, vespa* Desl., *Alaria pagoda* Morr. et Lyc., *Chenopus Bouchardi* Rigaux et Sauv., *C. Sauvagei* Piette, d'après la Paléont. franç. et d'après les échantillons de la coll. Legay. Une autre espèce encore plus ventrue dans le Bathonien inférieur de Marquise, près Boulogne : *Chenopus difformis* Cossm., coll. Legay. Probablement aussi la coquille d'Angleterre dénommée *Fusus coronatus* Morr. et Lyc., d'après un plésiotype de la coll. Legay.

CALLOVIEN. — Quatre espèces dans la Sarthe, la Haute-Marne et l'Anjou : *Pterocera Ariadne* d'Orb., *Chenopus trochiformis* Piette, *Pterocera Amyntas,* d'Orb., *P. nodulosa* Héb. et Desl., d'après la Paléont. franç.

OXFORDIEN. — Trois espèces dans le Rhône, les Ardennes et la Meuse : *Chenopus jucundus, C. pulcher* Piette, *Rostellaria costellata* Buv., d'après la Pal. franç.

PORTLANDIEN. — Une espèce dans les calcaires du Barrois : *Rostellaria Raulinea* Buv., d'après la Paléont. franç.

NEOCOMIEN. — Une espèce à rostre recourbé de face, à large sinuosité basale : *Rostellaria Dupiniana* d'Orb., dans l'Aube, coll. Peron.

DIARTEMA, Piette, 1864.

Coquille ranelliforme, ventrue, déprimée, à labre épais, festonné, avec une gouttière postérieure, adhérente à l'avant-dernier tour ; varice ou trace d'une aile ancienne, opposée au labre ; rostre court, assez large, séparé du labre par une sinuosité.

DIARTEMA, *sensu stricto.*   Type : *Pterocera paradoxa,* Desl. Bath. (= *Polystoma,* Piette 1891, *non* Zed. *Verm.* 1800, *nec* Steph. *Col.* 1835).

Test épais. Taille moyenne ; forme buccinoïde ou ranelloïde, trapue, déprimée dans le sens de l'épaisseur ; spire courte, à galbe sub-conoïdal ; tours étroits, anguleux, subétagés, ornés de côtes axiales, croisées par des cordons spiraux ; en outre, quelques varices irrégu- lières indiquent la trace des arrêts de l'accroissement, et chez certains individus, ces varices se correspondent d'un tour à l'autre, en for-

mant deux rangées axiales et continues, diamétralement opposées.
Dernier tour égal aux deux tiers de la hauteur totale, portant invariablement sa varice latérale, du côté opposé au labre, orné, ainsi
que la base, de carènes serrées jusque sur le cou excavé où elles
alternent avec des rangées obliques de granulations. Ouverture obliquement étroite au fond et abstraction faite de l'épanouissement superficiel de ses bords, munie en arrière d'une large gouttière qui adhère
à la base de l'avant dernier tour, jusque sur la suture et quelquefois
au-delà ; rostre étroit, court, rainuré, aigu à son extrémité libre,
élargi à la base où il est séparé du labre par une sinuosité bien visible
et subéchancrée ; labre épais, épanoui en une aile peu développée,
festonnée plutôt que digitée sur son contour, laciniée à l'intérieur ;
columelle excavée en arrière, faiblement coudée en avant avec le
rostre ; bord columellaire lisse, mince en arrière, détaché en avant.

Diagnose complétée d'après des échantillons de l'espèce-type, du Bathonien
d'Hidrequent (Pl. V, fig. 17 et 19), coll. Legay.

Rapp. et diff. — C'est avec raison que ce Genre a été séparé de *Chenopus*,
auquel il ne se rattache guère que par sa sinuosité basale ; son aile est rudimentaire et ses varices rappellent plutôt les *Alaria* ; mais son rostre est largement
rainuré comme le sont les digitations des coquilles ailées et comme l'est aussi
le bec des Aporrhaïdés ; quant à son ouverture, le péristome épanoui et canaliculé en arrière a beaucoup d'affinité avec celui de certains *Columbellina*. L'ensemble de ces caractères lui attribuent une place tout à fait à part dans la
Famille à laquelle il appartient.

M. Piette a divisé *Diartema* en deux Sous-Genres : seulement, au lieu de conserver pour le premier le nom du Genre, comme l'exigent les règles de la
Nomenclature, il y a substitué une nouvelle dénomination, dans les dernières
feuilles de la Paléontologie française ; *Polystoma* ne peut être admis, non seulement parce qu'il faut qu'il reste au moins un spécimen de *Diartema*, mais encore
parce que ce nom était déjà deux fois préemployé en Zoologie pour désigner des
Genres.

Répart. stratigr.

BAJOCIEN. — Une espèce douteuse dans l'Oolite inférieure du Yorkshire :
Alaria varicifera Hudleston, d'après la Monographie de cet auteur (Gast.
inf. Ool., p. 141, Pl. II, fig. 10).

Bathonien. — L'espèce-type dans la Grande Oolite du Calvados, ma coll.,
dans le Boulonnais, coll. Legay, dans la Moselle, d'après la Paléont. franç.

Kimeridgien. — Une espèce bien typique, dans le calcaire coralligène de
Valfin : *Pterocera spinigera* Etallon (= *Rostellaria Benoisti* Guir. et Ogér.,
sec. de Loriol), coll du Muséum de Lyon.

Neocomien. — Une espèce bien typique, dans le calcaire ferrugineux de
l'Yonne : *Diartema subranelloides* Peron, d'après la figure publiée par cet
auteur (Et. Gastr. néoc. de l'Yonne, p. 146, Pl. IV, fig. 13).

CYPHOTIFER, Piette, 1876.   Type : *Rostellaria hamulus*, Desl. Bath.

Taille moyenne ; forme fusoïde, un peu trapue : spire turriculée,
à galbe conique ; tours convexes, subanguleux en arrière, ornés de
côtes axiales, assez épaisses, bordés d'une rangée de granulations au-
dessus de la suture, et portant des cordons spiraux, assez serrés,
finement granuleux. Dernier tour supérieur à la moitié de la hauteur
totale, muni d'une carène saillante chez les individus adultes et de
nodosités oblongues sur cette carène, avec une gibbosité diamétralement opposée à l'aile ; côtes axiales encore apparentes sur la rampe
excavée qui est au-dessous de la carène, mais presque totalement
effacées sur la base qui est convexe et sur laquelle persistent seuls
les cordons granuleux, jusque sur le cou court et un peu excavé.
Ouverture subtrigone, avec une gouttière postérieure arrêtée contre
la suture du dernier tour, terminée en avant par un rostre court et
droit ; labre épais, bordé et festonné en avant, prolongé en arrière,
vis-à-vis de la carène, par une digitation hamiforme et assez longue,
rainurée à l'intérieur, carénée à l'extérieur ;
columelle un peu excavée ; bord columellaire étroit, peu calleux.

Diagnose complétée d'après la figure de l'espèce-
type dans la Paléont. franç. ; reproduction de
cette figure (Fig. 4) ; et d'après un des fragments types, de Langrune (Pl. VIII, fig. 9),
coll. Pellat.

Fig. 4. — *Cyphotifer hamulus*,
Desl. Grossi 3/1.

Rapp. et diff. — Ce Sous-Genre se distingue de *Diartema* parce qu'au lieu d'une varice continue, diamétralement opposée à l'aile, il porte seulement sur le dernier tour une varice gibbeuse et comprimée latéralement ; en outre, parce que son aile, au lieu d'être simplement festonnée sur son contour, se termine par un hameçon recourbé dans le prolongement de la carène dorsale ; enfin, parce que son ouverture n'est pas munie d'une gouttière descendant sur l'avant-dernier tour, l'aile se détachant presque immédiatement au-dessus de la suture du dernier tour. Toutefois *Cypholifer* se distingue des Alaires d'abord par son dernier tour unicaréné, ensuite parce que sa digitation est recourbée dès sa nais-sance, enfin et surtout par sa gibbosité latérale qui forme une varice dénotant un arrêt diamétral de l'accroissement du dernier tour, au lieu de l'épine qui marque seulement la place d'une digitation. On retrouve, il est vrai, ce carac-tère variqueux chez *Diempterus* ; mais alors, comme on le verra ci-après, les varices sont plus nombreuses et mucronées.

Répart. stratigr.

    Bathonien. — L'espèce-type dans la Grande Oolite du Calvados, d'après la Paléont. franç.

    Sequanien. — Une espèce, jusqu'ici très incomplète, dans les calcaires à Astartes du Boulonnais et de l'Yonne : *Diartema ranelloides* Sauv. et Rigaux, d'après la Paléont. franç.

HARPAGODES, Gill , 1869.

Coquille massive ; rostre antérieur recourbé sur le dos ; aile peu palmée, pourvue de digitations longues et incurvées, la postérieure appliquée contre la spire ; pas de sinus entre le canal et la première digitation latérale.

Harpagodes, *sensu stricto.*   Type : *Pterocera pelagi* Brongn. Néoc.

Test très épais. Taille parfois très grande ; forme ventrue, ptérocé-rienne ; spire en général courte, à galbe conoïdal ; tours convexes ou subanguleux, lisses ou ornés de côtes spirales que séparent d'étroites rainures ; sur le dernier tour, quelques-unes de ces côtes se trans-forment en carènes gibbeuses ou épineuses, au nombre de quatre dans la plupart des espèces. Ouverture étroite, à bords presque paral-

lèles, dépourvue de sinus à la base, terminée en avant par un rostre
digité qui se recourbe du côté opposé à l'aile et qui est adjacent à une
large dénivellation du contour, plutôt qu'à une véritable sinuosité
échancrée ; labre épais, avec un rebord réfléchi sur l'ouverture qu'il
contracte au milieu et à l'intérieur de la saillie des digitations ; aile
non palmée, formée de cinq digitations allongées et incurvées à leur
extrémité, prenant naissance dans le prolongement des côtes ou carènes du dernier tour, sauf la digitation postérieure qui fait suite au
bourrelet suprasutural, et qui se recourbe immédiatement, de manière
à s'appliquer obliquement le long de la spire qu'elle dépasse ordinairement, en affectant fréquemment la forme d'une *S* ; columelle
excavée, lisse, non tordue en avant ; bord columellaire calleux, très
largement étalé sur la base du côté postérieur, détaché au milieu et
retroussé par un large sinus, dénivelé et appliqué en avant sur la
région ombilicale, le long de laquelle il est bordé par une crête parfois très saillante.

Diagnose complètement refaite d'après des exemplaires adultes de l'espèce-
type. du Barrémien d'Orgon, montrant le dédoublement réflexe du labre
(Pl. VIII, fig. 1), coll. de l'Ecole des Mines ; et d'après deux plésiotypes du
Portlandien : *Strombus Oceani* Brongn. (Pl. VII, fig. 1), du Bolonien de la
Crèche près Wimereux. coll. Legay ; et *Pterocera icauensis* Cotteau (Pl. VI,
fig. 7) du ravin d'Egriselles près Auxerre, coll. Peron (type de Cotteau).

Rapp. et diff. — Ce Genre, que Fischer a seulement admis comme Sous-
Genre de *Chenopus*, mérite d'en être complètement distingué, à cause de son
aile non palmée, de son labre contracté, et de son bord columellaire particuliè·
rement calleux. Comme l'indique son nom, il ressemble extérieurement à *Harpago* qui est une subdivision de *Pterocera* ; mais il s'en distingue essentiellement
par l'absence du véritable sinus basal qui caractérise tous les *Strombidæ* et qui
est très versant précisément chez les Ptérocères actuels, tandis qu'*Harpagodes*
a simplement le contour dénivelé entre le rostre et la première digitation. Si on
le compare à *Phyllochilus* qui a aussi l'aile très développée, on remarque immédiatement que cette aile n'est pas réellement palmée chez *Harpagodes*, dont les
digitations, non canaliculées chez les adultes, ont plutôt de l'analogie avec celles
des Genres ci-après ; mais il s'écarte, d'autre part, de ces derniers, non seulement par son galbe ventru, mais surtout par sa digitation postérieure qui adhère

à la spire, çomme celle de certains *Chenopus*, tandis que les Alaires ont l'aile détachée dès le dernier tour.

Dans une étude que j'ai publiée en 1900 (Observ. sur quelques coq. crétac. III, *Assoc. franç.* Congrès de Boulogne-sur-Mer, 1899), sur les gros fossiles du Barrémien d'Orgon, j'ai déjà donné plusieurs figures très exactes de l'espèce-type d'*Harpagodes*, qui n'est pas du Néocomien comme on l'a souvent écrit, mais du Barrémien comme l'a fait remarquer Pictet ; en examinant à cette occasion d'excellents échantillons munis de leur test et à ouverture intacte (coll. Curet), tels que celui que j'ai fait réduire sur la Pl. VIII et qui appartient à l'Ecole des Mines, j'ai constaté que le labre, dans l'intervalle des digitations, se rétracte vers l'intérieur de l'ouverture : ce caractère — qui n'avait pas encore été signalé parce que l'on ne connaissait guère que des moules d'*Harpagodes*, ou des empreintes sans ouverture intacte — confirme bien l'observation faite par M. Piette relativement à l'obturation des digitations qui ne sont pas canaliculées chez les adultes ; en outre, c'est un motif de plus pour séparer *Harpagodes* de *Phyllochilus* chez qui l'intervalle des digitations s'épanouit, au contraire, en formant la palmure du contour de l'aile.

Il y a encore une autre particularité que je n'avais pu observer en 1900, et que montre bien l'échantillon figuré ; la sinuosité du contour extérieur du bord columellaire, sur la base du dernier tour, se divise en deux régions distinctes : l'inférieure largement étalée sur cette base et se raccordant avec la digitation postérieure avec laquelle elle forme une large gouttière ; l'antérieure appliquée jusque sur le cou du rostre. Cette échancrure de là callosité columellaire, à bord retroussé et dénivelé, n'a été signalée sur aucune autre coquille ailée ; est-ce un caractère spécifique ou générique? Je n'ai pas les éléments pour trancher la question.

Enfin, en ce qui concerne les digitations, Pictet a cru remarquer que deux d'entre elles au moins se terminent quelquefois en massue ; aucun des échantillons que j'ai eus entre les mains ne m'a permis de confirmer cette observation : leurs digitations sont courtes et paraissent grêles à leur extrémité, régulièrement atténuées sans présenter de renflements qui seraient d'ailleurs peu explicables au point de vue biologique. Il est donc probable que l'individu figuré dans le Mémoire sur les fossiles de Sainte-Croix, par Pictet, était accidentellement déformé par la fossilisation ou peut-être monstrueux.

Répart. stratigr.

BATHONIEN. — Une espèce dans la Grande Oolite d'Angleterre, de la Normandie, de la Vienne et de la Côte-d'Or : *Pterocera Whrigti* Morr. et Lyc, d'après la figure publiée par ces auteurs, et d'après la Paléont. française.

OXFORDIEN. — Une espèce à six digitations outre le rostre, dans les calcaires blancs supérieurs de la Meuse, des Ardennes et de la Charente-Inférieure : *Pterocera aranea* d'Orb., d'après la Paléont. française.

RAURACIEN. — La même espèce dans les couches coralligènes de l'Yonne, coll. Peron.

Séquanien. — Deux espèces dans les calcaires compacts de la Charente-Inférieure et de la Haute-Marne : *Pterocera rupellensis* d'Orb., *H. Lorioli* Piette, d'après la Paléont. française.

Kimeridgien. — Plusieurs espèces dans l'étage dit « Ptérocérien » à cause de leur fréquence : *Pterocera crassedigitata* Piette, de Valfin ; *Pt. abyssi* Thurm. et Etallon, de Porentruy ; *Pt. Thirriæ* Contej., de l'Est de la France, coll. du Musée de Dijon.

Portlandien. — Les deux plésiotypes ci-dessus figurés, dans l'Est de la France, coll. du Musée de Dijon.

Néocomien. — Une espèce confondue avec l'espèce-type, dans l'étage Valanginien de l'Est de la France et du Jura suisse : *Pterocera Desori* Pictet et Campiche, d'après la Monographie de ces auteurs, et de ma coll. pour la provenance de l'Aube ; une autre espèce plus petite, à spire plus saillante, dans le Jura suisse : *P. Jaccardi* Pict. Camp. (*ibid.*). Une espèce bien caractérisée dans le Crétacé inférieur du Texas : *H. Shumardi* Hill, d'après la Monographie publiée dans le bulletin de U. S. Geol. Surv. 1903, par MM. Shattuck et Vaughan.

Barrémien. — Deux espèces, dont la première est le type du Genre *Harpagodes*, dans les calcaires blancs supérieurs d'Orgon et de la Perte du Rhône : *Pt. Pelagi* Brongn., *P. Beaumontiana* d'Orb., coll. Curet, figurés dans la Note précitée de M. Cossmann.

Aptien. — Une espèce à cinq digitations outre le rostre, dans les gisements de la Perte du Rhône : *Pterocera Rochatiana* d'Orb., d'après la Monographie de Pictet et Renevier.

Cénomanien. — Une espèce très probable, quoique à l'état de moule, en Algérie et en Tunisie : *Pterocera Heberti* Thomas et Peron, d'après l'exploration de la Tunisie (Pl. XXI, fig. 1-2).

DICROLOMA, Gabb, 1868.

(= *Alaria* Morr. et Lyc. 1850, *non* Schrank 1788, *nec* Dunc. 1841 *Lep.* ;
= *Pterophorus* Piette 1891, *non* Geoffroy 1764 *Lep.*, *nec* Herbst 1784 *Col.*).

Coquille turriculée, fusiforme, à rostre antérieur et incurvé ; pas de sinus basal ; aile digitée, n'adhérant jamais à la spire, en arrière du dernier tour.

Dicroloma, *sensu stricto.*   Type : *Pterocera Lorierei* d'Orb. Baj.

Taille moyenne ; forme fusoïde ; spire un peu allongée, à galbe conique ; les premiers tours sont lisses et convexes, les suivants sont anguleux, puis carénés, ornés de filets spiraux, et parfois de fines crénelures sur la carène. Dernier tour généralement supérieur aux deux tiers de la hauteur totale, y compris le rostre intact, bicaréné sur la surface dorsale, prolongé en avant par un rostre grêle, plus ou moins recourbé à son extrémité ; il existe souvent une ou deux épines sur la carène spirale inférieure, pour marquer la trace des arrêts de l'accroissement de la coquille. Ouverture courte et large, sans gouttière postérieure, rétrécie sur le rostre antérieur, non versante et dépourvue de sinus entre ce rostre et le labre qui est légèrement palmé et longuement digité ; les deux digitations souvent recourbées correspondent aux deux carènes dorsales ; il n'y a pas de troisième digitation postérieure, appliquée contre la spire ; bord columellaire peu calleux, non détaché en avant.

Diagnose refaite d'après un échantillon très hamicaude de l'espèce-type, du Bajocien de Sully (Pl. V, fig. 18), coll. Deslongchamps ; et d'après des échantillons d'un espèce plésiotype, la seconde décrite par Morris et Lycett : *Alaria lævigata* (Pl. VII, fig. 12), du Bathonien d'Hidrequent, coll. Legay : autre plésiotype à digitations peu recourbées, de l'Oxfordien de la Meuse ; *Rostellaria trifida* Phill. (Pl. III, fig. 24), coll. de l'Ecole des Mines.

Observ. — Malgré le respect que l'on doit avoir pour des dénominations aussi anciennes et aussi universellement connues qu'*Alaria*, je suis obligé de la changer pour corriger un triple emploi de nomenclature en Zoologie ; pour la remplacer, je ne puis d'autre part admettre *Pterophorus* qui n'en est pas précisément l'équivalent, parce qu'en la proposant, M. Piette n'a pas désigné de type et qu'il a au contraire insisté sur ce qu'il était obligé de créer ce nom pour comprendre à la fois les *Alaria* de Morris et Lycett, les siens et d'autres Sous-Genres, de sorte qu'il ne resterait aucune Section portant exactement le nom *Pterophorus sensu stricto*, ce qui est contraire aux règles formelles posées pour la Nomenclature dans les Congrès ; en outre, le nom *Pterophorus* étant deux fois préemployé en Zoologie, ne pouvait plus être appliqué par M. Piette à un Genre de Mollusques. On verra d'ailleurs ci-après que la distinction faite par cet auteur repose uniquement sur l'existence ou l'absence d'un sinus. après que, dans sa préface au commencement du volume, il a lui-même indiqué avec raison que Morris et Lycett ont appelé sinus l'angle arrondi et rentrant qui sépare le rostre de la première digitation latérale ; par conséquent, les *Alaria* de M. Piette ne sont autres que ceux de Morris et Lycett, déduction faite des Genres qu'il en a séparés avec raison pour d'autres motifs.

Dicroloma

Dans ces conditions, puisque le nom *Alaria* ne peut être conservé, pas plus
que la dénomination *Pterophorus*, je propose de reprendre *Dicroloma* Gabb
(1868), dont le type (*Alaria Lorierei* d'Orb.) est, il est vrai, spécifiquement différent du type d'*Alaria* (*A. armata* Morr. et Lyc.), mais qui ne s'en distingue pas
au point de vue générique, attendu que la courbure des digitations est un caractère variable et par conséquent d'importance tout à fait secondaire. Cette interprétation qui est, je le pense, absolument correcte, rend sans objet l'adjectif
Alifera que M. Piette a hasardé dans les dernières pages de sa Monographie,
sans dire exactement à quel groupe de coquilles il avait l'intention de l'appliquer ; cet adjectif n'a d'ailleurs, au point de vue générique, pas plus de valeur
que les autres groupes qu'il a proposés à la page 216 du même volume (adactyles, longicaudes, hamicaudes, etc.) ; ce sont de simples épithètes, et l'on ne
peut réellement les transformer en noms de Genres ou de Sections.

Rapp. et diff. — Ce Genre diffère essentiellement de *Chenopus* et de ses
diverses subdivisions par deux caractères capitaux : disparition complète de
toute apparence de sinus basal entre l'aile et le rostre antérieur ; détachement
invariable de l'aile qui n'adhère qu'au dernier tour, et qui ne forme même plus
une palmure se rattachant à l'avant-dernier, comme cela a encore lieu chez
Arrhoges. En outre, au lieu de bosses sur le dernier tour, on y constate généralement la présence d'épines qui correspondent à d'anciennes digitations, dans
les arrêts successifs de l'accroissement de la coquille. Le rostre antérieur est
digitiforme, droit ou recourbé, mais presque toujours grêle dès sa naissance ;
pas plus que chez *Chenopus*, il n'est réellement canaliculé pour le passage du
siphon. sa rainure interne est même parfois obturée dès la base, de sorte qu'on
se demande, à défaut de la sinuosité des *Strombidæ* et des *Chenopus*, par où le
siphon faisait saillie et s'il s'agit bien là réellement d'un Gastropode siphonostome, ou si ce n'est pas plutôt un holostome rostré.

Dans le troisième volume de la Paléontologie française (Gast. jurass.), dont la
publication a duré plus de vingt ans, M. Piette, après avoir décrit 83 espèces
d'*Alaria*, les a d'abord (p. 212-215) réparties en huit groupes qui, d'après ses con-
clusions « n'ont pas tous la même valeur et ne peuvent être placés sur la même
ligne ». Finalement, élimination faite des subdivisions superflues, cet auteur
aboutit (p. 216-217) à cinq Sous-Genres principaux :

1° Varicifères. — Types ; *A. hærens, rhinoceros*, etc., caractérisés par de
nombreuses varices sur une spire allongée. L'aile est généralement inconnue,
ou bien, si on la connaît, elle rentre dans le groupe suivant ;

2° Monodactyles. — Types : *A. hamus, gothica*, etc., caractérisés par une
unique digitation latérale et par un rostre peu courbé, allongé ; la carène du
dernier tour est épineuse et la spire est costulée : ce ne sont pas de véritables
Alaria, s. s. ;

3° Adactyles. — Types : *A. bellula, reticulata*, etc., caractérisés par un rostre
court, droit, par une faible dilatation du bord libre de l'ouverture, par l'absence
de digitation, par une spire courte et trapue, à ornementation réticulée ; cette

forme, qui est celle des premiers *Alaria* du Lias (¹), est malheureusement trop peu connue pour qu'on puisse définitivement l'ériger en Sous-Genre : je n'en ai trouvé de représentants dans aucune collection, à l'exception d'un ou deux individus incomplets ou difficilement déterminables, et ce n'est pas d'après les figures de la Paléontologie française que j'oserais hasarder une diagnose ; quand on en aura pu étudier l'aile intacte, il est certain qu'il faudra séparer ces coquilles d'*Alaria s. s.*, mais on ne pourra reprendre à cet effet le nom *Adactylus* préemployé (*Adactyla*, Zell. *Lepid.* 1841).

4° Longicaudes. — Types : *A. myurus, lævigata, armata*, etc., caractérisés par la faible courbure et la longueur de leur rostre, par l'existence de deux digitations latérales et divergentes, par la présence d'épines sur la carène du dernier tour : ce sont les véritables *Alaria* de Morris et Lycett, et c'est par conséquent à ce groupe typique qu'il faudrait attribuer un nouveau nom, s'il ne se confondait avec le suivant qui en a déjà reçu un.

5° Hamicaudes. — Types : *A. Lorierei, tridigitata, cochleata*, etc., caractérisés par un rostre recourbé, par deux digitations latérales dont l'antérieure est tordue et creuse ; la spire a les tours carénés, et il y a souvent des renflements épineux sur la carène du dernier tour ; ce cinquième groupe ne diffère, comme on vient de le voir, du quatrième que par la courbure plus grande du rostre antérieur et de la digitation latérale supérieure ; comme cette seule différence ne me paraît pas être un motif suffisant pour séparer même une Section, les deux groupes 4 et 5 doivent évidemment être réunis, et puisque le nom *Alaria* proposé pour le premier (Longicaudes) ne peut être conservé, c'est le nom attribué au type du second (Hamicaudes) qu'il faut prendre pour désigner les deux groupes, c'est-à-dire *Dicroloma* Gabb, dont le type est précisément *A. Lorierei.*

Il est vrai que Gabb lui-même conservait simultanément *Alaria* Morr. et Lyc., sans se douter que ce nom était préemployé : mais cela prouve qu'il attachait trop d'importance à la question de courbure du rostre et d'une digitation latérrle : il existe des espèces chez lesquelles ces prolongements sont faiblement infléchis, d'autres chez lesquelles ils sont recourbés en hameçon parfait ; entre les deux formes extrêmes, il y a toutes les transitions intermédiaires, de sorte que l'on ne saurait vraiment auquel des deux Sous-Genres il faudrait les rapporter.

Donc, en résumé, on doit admettre *Dicroloma* à la place d'*Alaria*, et l'on ne peut y distinguer, pour les coquilles jurassiques, dans l'état actuel de nos connaissances, que deux Sous-Genres : *Dicroloma s. s.*, et l'autre applicable aux Monodactyles, qu'on trouvera ci-après sous le nom *Pietteia*, juste dédommagement dû aux beaux travaux de M. Piette. Quant aux Adactyles, ils devront former un troisième Sous-Genre, quand on sera mieux fixé sur les caractères de l'aile, et quand on pourra être bien certain qu'elle est réellement dépourvue de digitation à l'âge adulte, sur des échantillons intacts ; jusque-là, je m'abstiens de donner un nom à ce groupe.

---

(1) Il y en a jusque dans l'Infralias d'Angleterre : *A. rudis* et *fusiformis* Moore.

Dicroloma

Répart. stratigr.

CHARMOUTHIEN. — Deux espèces probables dans le Lias moyen de la Normandie, d'Angleterre, du Jura et du Wurtemberg : *Alaria semicostulata* Piette
et Desl., *Pterocera subpunctata* Munst., d'après la Paléont. franç. ; deux
autres espèces, dont l'une très carénée, dans le Lias moyen de la Normandie : *Pterocera Eudesi* d'Orb., *Fusus filifer* d'Orb., coll. Pellat.

TOARCIEN. — Une espèce probable, dans le Lias supérieur de l'Isère :
A. Dumortieri Piette, d'après cet auteur ; autre échantillon muni d'une de
ses digitations, dans le Lias supérieur de la Caine (Normandie), coll. Deslongchamps. Une espèce appartenant peut-être à un Sous-Genre distinct,
mais à aile inconnue, dans l'Est de la France : *A. reticulata* Piette, d'après
la Paléont. franc.

BAJOCIEN. — Outre l'espèce-type de *Dicroloma*, une espèce absolument typique, du groupe longicaude, dans l'Oolite ferrugineuse du Calvados : *Rostellaria myurus* Desl., avec une autre espèce à aile inconnue : *A. hebes*
Piette et Desl., d'après la Paléont. franç. Une espèce du groupe caréné,
dans le Var : *Pterocera Doublieri* d'Orb., d'après la Paléont. franc. ; la
même en Angleterre, avec de nombreuses autres espèces : *A. sublævigata,
Pontonis, primigenia* Hudleston, *Rostellaria spinigera, R. gracilis, A. solida*
Lycett, d'après la Monographie précitée de M. Hudleston.

BATHONIEN. — Outre le type du Genre *Alaria* (*A. armata* Morr. et Lyc.), et le
plésiotype (*A. lævigata*) ci-dessus figuré, en Angleterre d'après la Monographie de Morris et Lycett, et dans le Boulonnais, d'après les échantillons
de ma coll. et de la coll. Legay, plusieurs autres espèces dans le « Fuller's
Earth » de la Moselle et du Boulonnais : *Pterocera Viquesneli* Piette, *P. cor-
nuta* d'Orb., d'après la Paléont. franç. ; plusieurs espèces dans les calcaires marneux supérieurs des Ardennes : *P. inæquistriata* Piette, *P. tridigitata* Piette, *P. flammifera, acuminata* Piette, *Rostellaria pupæformis* d'Archiac, d'après la Paléont. française.

CALLOVIEN. — Une espèce hamicaude, commune à Montreuil-Bellay : *Rostellaria cochleata* Quenst., ma coll. ; une espèce probable, dans l'argile de
Villers et en Angleterre : *Pterocera Arsinoe* d'Orb. ; une autre espèce dans
le gisement de Montreuil-Bellay : *A. herinacea* Piette; une espèce douteuse
et trapue, dans la Haute-Marne, la Sarthe et le Calvados : *Pterocera Athu-
lia* d'Orb., d'après la Paléont. franç. Une espèce bien caractérisée, dans les
calcaires du Yorkshire : *Rostellaria bispinosa* Phill., d'après la figure
publiée par M. Hudleston (*Geol. Mag.* 1880, Pl. XVII, fig. 6).

OXFORPIEN. — Outre le plésiotype de la Meuse ci-dessus figuré, plusieurs
espèces dans la Côte-d'Or, les Ardennes, l'Allemagne et l'Oxford-clay
d'Angleterre : *A. Pellati* Piette, *Rostellaria subbicarinata* d'Orb., *A. vicina.*
Piette, d'après la Paléont. franç. Quelques autres espèces plus douteuses,
dans l'Est de la France : *A. ovata, confusa, bellula* Piette, *Rostell. Gagne-
bini* Thurm., d'après la Paléont. franç. Trois espèces dans le Jura bernois :
Trochus Ritteri, T. Stadleri Thurm., *A. Choffati* de Loriol, d'après la Monographie de cet auteur (Et. Moll. et Brach. Oxf. inf. Jura bern. 1898, Pl. IX,

fig. 1-8) ; une quatrième dans l'Oxfordien supérieur : *A. bernensis* de Loriol (Et. Moll. Brach. Oxf. sup. et moyen Jura bern. 1896, Pl. VII, fig. 8).

RAURACIEN. — Deux espèces douteuses, dans le Coral-Rag de Saint-Mihiel : *Pleurotoma conulus* Buv., *A. hispida* Piette, d'après la Paléont. franç. ; une espèce typique dans l'assise B (Pellat) du Mont des Boucards : *A. bononiensis* de Loriol, d'après la Monographie de cet auteur (Mon. pal. et géol. ét. sup. form. jur. env. Boulogne-sur-Mer, I, 1874, p. 139, Pl. X, fig. 17-18). Une espèce probable dans les couches coralligènes du Jura bernois : *R. alba* Thurm., d'après la Monographie de M. de Loriol (Et. Moll. corall. inf. Jura bern. 1889, p. 22, Pl. XI, fig. 10-14).

SÉQUANIEN. — Une espèce dans l'Astartien de la Meuse : *Rostell. mosensis* Buv., d'après la Paléont. franç. ; une autre espèce dans les grès de Virvigne, aux environs de Boulogne: *A. Leblanci* de Loriol, coll. Legay.

KIMERIDGIEN. — Trois espèces au Hâvre, dans la Meuse et à Vallin : *Pterocera glaucus* d'Orb., *A. morcausia* Piette, *A. Ogerieni* Piette, d'après la Paléont. française.

PORTLANDIEN. — Une espèce douteuse dans les calcaires supérieurs du Boulonnais: *A. Beaugrandi* de Loriol, d'après la Monogr. de cet auteur (*loc. cit.*, p. 136, Pl. X, fig. 19) ; un échantillon voisin, mais plus trapu, dans les argiles moyennes des mêmes environs, coll. Legay.

PIETTEIA, *nov. subgenus*   Type : *Rostellaria hamus*, Desl. Baj.

(= « Monodactyles » Piette 1876, *non Monodactylus*, Klein 1753 ;

nec Lacépède *Pisc.* 1800, *nec* Merr. *Rept.* 1820).

Taille moyenne; forme fusoïde, en général étroite; spire polygyrée, à galbe conique; les deux premiers tours lisses, les suivants anguleux vers le milieu et ornés de minces filets spiraux, croisés par des côtes axiales, épaisses en avant, pincées en arrière, subnoduleuses sur l'angle. Dernier tour souvent inférieur ou à peine égal à la moitié de la hauteur totale, y compris le rostre, dépourvu de côtes axiales, simplement orné de filets spiraux, et muni d'une carène tranchante avec des renflements subépineux; sur la base, il y a une seconde carène beaucoup moins saillante qui sépare la région excavée du cou. Ouverture courte, subrhomboïdale, avec une étroite gouttière inférieure, terminée en avant par un rostre étroit, plus ou

Dicroloma (*Pietteia*)

moins allongé, droit ou légèrement recourbé, raccordé par une courbe
non sinueuse avec l'aile ; celle-ci se compose d'une seule digitation
d'abord horizontale, puis hamuliforme à son extrémité, et dont la
nervure externe correspond à la carène saillante du dernier tour,
tandis que la seconde carène basale ne donne naissance à aucune digitation, et qu'elle ne correspond même que rarement à un simple
feston du contour supérieur de l'aile ; bord columellaire mince,
étroit, bien appliqué.

> Diagnose établie d'après l'espèce type, figurée dans la Paléont. franç. ; et
> d'après une espèce plésiotype du Callovien de Montreuil-Bellay ; *Rostella-
> ria seminuda* Héb. et Desl. (Pl. IV, fig. 1), ma collection.

Rapp. et diff. — Ce Sous-Genre correspond au second groupe des Alaires de
M. Piette, c'est-à dire aux « Monodactyles » (*loc. cit.*, p. 215) ; il me paraît indis-
pensable de le séparer de *Dicroloma* (= *Alaria s. s.*), car il s'en écarte par un
critérium d'une valeur sous-générique, à cause de son aile unidigitée ; d'ailleurs,
même quand cette aile est incomplète, on peut encore distinguer *Pietteia* de *Dicroloma* parce que sa spire est costulée, tandis qu'elle est simplement striée spiralement chez ce dernier. A part ces deux différences, l'une capitale et l'autre
empirique, *Pietteia* se rattache étroitement au Genre *Dicroloma* par son faciès
général, par l'absence de sinuosité basale et d'adhérence postérieure de l'aile,
par son rostre antérieur souvent recourbé, et par l'existence d'une seconde
carène antérieure sur la base, ce qui indique vraisemblablement le rudiment de
la formation d'une seconde digitation latérale ; mais, même chez les échantillons les plus adultes et les plus intacts de *Pietteia*, on n'observe jamais qu'un
simple feston sur le contour, à la place de cette seconde digitation.
Ne pouvant latiniser le nom de groupe proposé par M. Piette, sous peine de
commettre un double emploi de nomenclature, j'ai dédié le Sous-Genre au savant
auteur des « Coquilles ailées des mers jurassiques », dont le nom n'a encore été,
autant que j'ai pu le vérifier, appliqué à aucun Genre, Sous-Genre ni Section.
C'est le plus élémentaire tribut de la reconnaissance qui est due au continua-
teur de la Paléontologie française pour ses savants travaux de détermination
spécifique.

Répart. stratigr.
> SINEMURIEN. — Une espèce bien caractérisée, dans le lias inférieur de Bris-
> tol : *Alaria Hudlestoni* Wilson, d'après la figure publiée par cet auteur
> (*Geol. Mag.* 1887, Pl. V, fig. 13).
> TOARCIEN. — Une espèce douteuse, à l'état de moule, dans le Lias supérieur
> des environs de Belfort : *A. Parizoti* Piette, d'après la figure de la Paléont.

Dicroloma *(Pietteia)*

franç. ; probablement la même mieux conservée, montrant l'ornementation
de plusieurs tours, dans le Toarcien de la Caine (Normandie), coll. Bigot.

BAJOCIEN. — Outre l'espèce-type, plusieurs autres dans l'Oolite inférieure de
Bayeux : *A. rhinoceros* Piette et Desl. *A. Deslongchampsi* Piette ; plus une
espèce variqueuse, à aile inconnue et à spire cylindracée ; *A. hærens* Piette
et Desl. ; et enfin trois autres espèces dans la Meurthe : *A. rarispina, Rou-*
baleti, lotharingica Schlumb., d'après les figures de la Paléont. franç. Plusieurs espèces dans l'Oolite inférieure d'Angleterre : *A. arenosa* Hudl.,
A. Phillipsi d'Orb., *Rostellaria unicornis* Lycett, *A. pinguis, unicarinata*
Hudl., *A. dundryensis* Tawney, *A. fusca* Hudleston, d'après la Monographie
précitée de cette auteur.

BATHONIEN. — Une espèce dans le « Fuller's Earth » de la Moselle : *Pterocera*
gothica Piette, avec une variété de l'espèce-type : *A. sulcicosta* Piette,
d'après la Pal. franç. Une autre espèce à aile plus large en avant, dans le
Boulonnais et en Angleterre : *A. denticulata* Morr. et Lyc., ma coll.
pour la première de ces provenances. Une autre espèce à aile inconnue,
dans la Grande Oolite de la Normandie : *A. costulata* Piette et Desl., d'après
les figures de la Paléont. française.

CALLOVIEN. — Outre le plésiotype ci-dessus figuré, de l'Anjou, une autre
espèce douteuse dans le même gisement de Montreuil-Bellay : *A. hesitans*
Piette et Desl. ; et une espèce dans la Côte-d'Or. : *A. Martini* Piette et Desl.,
d'après les figures de la Paléont. française.

OXFORDIEN. — Une espèce probable, dans le Calvados : *A. formosa* Piette :
deux autres espèces dans les Ardennes : *Rostellaria tridactyla* Buv., *A. ha-*
miformis Piette ; une espèce probable dans la Côte d'Or ; *A. gignyensis*
Cotteau, d'après la Paléont. française.

RAURACIEN. — Une espèce douteuse, à côtes axiales, dans les calcaires
d'Houllefort (Boulonnais) : *Fusus Pellati* de Loriol, coll. Legay.

SEQUANIEN. — Une espèce douteuse, à aile inconnue et à ornementation costulée, dans les environs de Boulogne : *Fusus Sauvagei* de Loriol, coll.
Legay.

ANCHURA, Conrad, 1860. Type : *Rostellaria carinata*, Mantell. Alb.

Taille assez grande ; forme étroite, fusoïde, aciculée ; spire élancée,
à galbe conique ; tours nombreux, carénés au milieu, ornés de côtes
qui produisent des crénelures sur la carène, et finement striés dans
le sens spiral ; dernier tour bicaréné, égalant la moitié de la hauteur
totale y compris le rostre antérieur ; base striée et excavée en avant
de la seconde carène. Ouverture étroite, courte, squalène, avec une

Dicroloma (Anchura)

petite gouttière dans l'angle inférieur, terminée en avant par un rostre grêle et très allongé, presque rectiligne, aigu à son extrémité, relié à sa base avec l'aile par un contour non échancré et faiblement sinueux ; labre prolongé par une aile en T, non adhérente à la spire ; les deux branches du T sont grêles, inégales, l'inférieure carénée par la nervure et atteignant presque le même niveau que le sommet de la spire ; bord columellaire peu calleux.

Diagnose refaite d'après des échantillons de l'espèce-type, du Gault de Folkestone où elle n'est pas très rare (Pl. VI. fig. 8-9), coll. de l'École des Mines.

Rapp. et diff. — Ce Sous-Genre se distingue de *Dicroloma* par son unique digitation bifurquée et par l'allongement de son rostre antérieur, de *Pietteia* par la forme de cette unique digitation et aussi par son rostre. *Anchura* se rattache d'ailleurs au même Genre — et se distingue par suite de *Chenopus* — par l'absence d'un véritable sinus basal et par le détachement de l'aile qui n'adhère à la spire que jusqu'à la suture du dernier tour, c'est-à-dire exactement dans les limites de la hauteur du labre, sans former aucune gouttière descendante, ni surtout aucune digitation le long de la spire. La description ci-dessus donnée est restreinte aux formes du groupe de *Rostellaria carinata* exclusivement ; elle ne peut s'appliquer aux formes qui ont été confondues à tort avec *Anchura*, et qu'on a successivement séparées sous le nom *Drepanochilus* Meek, comme on l'a vu plus haut, ou sous le nom *Perissoptera* Tate, ainsi qu'on le verra ci-après ; la cause principale de ces erreurs de détermination provient de ce qu'on n'a pas suffisamment insisté sur le caractère important du défaut d'adhérence de l'aile contre la spire : *Anchura* représente les Alaires jurassiques, pendant la période crétacique.

Répart. stratigr.

NÉOCOMIEN. — Une espèce à peu près typique dans l'Yonne et dans la Meuse : *Rostellaria longiscata* Buv., d'après la figure publiée par M. Peron (Et. pal. Gastr. néoc. Yonne, p. 117, pl. IV, fig. 4). Trois espèces décrites comme *Dimorphosoma*, mais à aile non adhérente en arrière, dans le vieux grès vert d'Atherfield et de Peasemarch (Angleterre) : *Dim. kinklispira, ancylochila* et *pleurospira* Gardner, d'après la Monographie de cet auteur sur les *Aporrhaidæ* de la Grande Bretagne (*Geol. Mag.* 1875, p. 396. Pl. XII).

APTIEN. — Une espèce dans le grès vert de Shanklin (Ile de Wight) : *Dimorphosoma vectiana* Gardn. (*loc. cit.*).

ALBIEN. — Outre l'espèce-type ci-dessus figurée, trois autres espèces dans le Gault de Folkestone, les deux dernières dans le grès vert de la Perte du

Rhône et de Ste-Croix, et la dernière en outre dans l'Aube : *Rostellaria elongata* Sow., *R. maxima* Price (= *Aporrhais marginata* Pict. et Camp., *non* Desh.), *Fusus carinella* Sow., d'après M. Gardner (*Geol. Mag.* 1875 et 1880). Deux autres espèces décrites comme *Dimorphosoma*, mais à aile non adhérente en arrière, dans le Gault de Folkestone: *D. toxochila* et *doratochila* Gardn. (*loc. cit.*).

CÉNOMANIEN. — Une espèce à l'état de moule, mais voisine de *R. carinella*, en Tunisie : *Alaria subcarinella* Thom. et Peron, d'après l'Explor. de la Tunisie (p. 75, Pl. XXI, fig. 8).

TURONIEN. — Une espèce dont l'aile forme un T un peu oblique, dans les grès d'Uchaux : *Rostellaria Requieniana* d'Orb.. coll. de l'Ecole des Mines, coll. Peron. Une espèce dans le « Martinez group » de Californie: *A. transversa* Gabb (Pal. Calif. II, p. 165, Pl. XXVII, fig. 45).

PERISSOPTERA, Tate, 1865 ([1]) Type : *Rostellaria Parkinsoni*, Mant. Alb.

Taille assez grande ; forme fusoïde, un peu ventrue ; spire turriculée, à galbe d'abord conique, puis un peu conoïdal à l'âge adulte; tours assez nombreux, convexes, séparés par des sutures marginées, devenant parfois anguleux, ornés de costules axiales et de fines stries spirales ; dernier tour supérieur à la moitié de la hauteur totale, y compris le rostre, anguleux et noduleux, ou simplement ovale avec des côtes effacées ; base déclive et un peu excavée sur le cou. Ouverture étroite, subrhomboïdale, oblique, avec une étroite gouttière dans l'angle inférieur, terminée en avant par un rostre médiocrement allongé, droit et pointu, qui se relie à l'aile par une expansion oblique et bisinueuse, sans échancrure véritable ; labre largement épanoui en une aile formant en avant un lobe plus ou moins arrondi, sans digitation toutefois, et se prolongeant en arrière en une digitation longue, recourbée, pointue, dont la nervure est dans le prolongement de la carène du dernier tour, tandis que l'intérieur est profondément rainuré ; bord columellaire très mince, étalé sur la base, indistinctement limité de ce côté.

---

(1) Geol. and nat. Hist. Repert. p. 99, fig. 18 (*sub. nom. Rost. Reussi, non* Gein.).

Dicroloma *(Perissoptera)*

Diagnose refaite d'après les figures de l'espèce-type (*Geol. Mag.*, 1875, Pl. VI),
et d'après un plésiotype à lobe très variable, du Gault de Folkestme : *Rostellaria marginata* Sow. (Pl. VI, fig. 3), coll. de l'Ecole des Mines ; autre plésiotype du même groupe que le type, dans les sables de Vaals, près d'Aix-
la-Chapelle : *Rostellaria Schlotheimi* Rœmer (Pl. VII. fig. 13) coll. de
« Technische Hochschule », à Aix-la Chapelle, communiqué par M. alzapfel.

Rapp. et diff. — Dépourvu d'une véritable échancrure basale et d'une digitation adhérente à la spire, ce Sous-Genre ne peut être classé ni dans le Genre
Rostellaria, ni dans le Genre *Chenopus*, comme l'a fait M. Gardner, qui n'a pas
tenu compte des caractères si justement observés par Tate. M. Stanton (Cret.
Color. p. 144) a repris cette dénomination pour une espèce américaine, mais il
l'a placée avec *Aporrhais*, tandis qu'elle se rattache à *Anchura* par son aile aboutissant normalement à la base du dernier tour, sans aucune palmure descendant
le long de la spire, comme il y en a encore chez *Drepanochilus* qui n'est pas un
Anchura ainsi que le pensait Meek et que l'a écrit M. Stanton (*loc. cit.*, p. 145) ;
on a vu ci-dessus que *Drepanochilus* est une section d'*Arrhoges*, et c'est ce qui
prouve une fois de plus que dans les coquilles ailées, on doit se garder d'attacher
trop d'importance aux ressemblances tirées de la forme de l'aile. Toutefois,
Perissoptera se sépare facilement d'*Anchura* par la forme épanouie et lobée de
la partie antérieure de l'aile qui n'est digitée qu'en arrière, et en outre par son
rostre beaucoup moins allongé, plus élargi à la base, enfin par le galbe moins
élancé de sa spire ; ces différences justifient l'adoption d'un Sous-Genre complètement distinct.

Répart stratigr.

Neocomien. — Une espèce dans l'Aube et dans l'Yonne : *Rostellaria Robinaldina* d'Orb., d'après un bon individu de la coll. Peron ; la même avec
une autre espèce non figurée, dans les grès d'Atherfield en Angleterre :
Aporrhais glabra Forbes, d'après M. Gardner (*Geol. Mag.*, 1875, p. 295).

Barremien. — Une espèce à Escragnolles (Var) : *Rostellaria varusensis*
d'Orb., d'après la description dans le Prodome et d'après M. Gardner (*loc.
cit.*).

Aptien. — Une variété de l'espèce-type, en Angleterre, d'après M. Gardner
(*ibid.*). Une espèce voisine de *Rost. Robinaldina*, à Gargas (Vaucluse) :
Rostell. gargasensis d'Orb., d'après la description dans le Prodome. Trois
espèces peut être identiques, dans les couches supérieures de l'Aragon et
de la province de Valence : *Aporrhais Priamus, Vilanovæ, Spartacus* Coquand, d'après la Monographie de cet auteur (Pl. V, fig. 13 et 14 ; Pl. VI,
fig. 9).

Albien. — Outre le plésiotype ci-dessus figuré, du Gault de Folkestone
l'espèce-type d'après M. Gardner (*loc. cit.* Pl. VI, fig. 4). Une autre espèce
bien caractérisée, dans les gisements de l'Yonne : *Rostellaria Orbignyana*,
Pictet et Roux, coll. Peron.

CÉNOMANIEN. — Une espèce à aile très large, dans les argiles de Sewitz (Bohême) : *Rostell. Reussi* Geinitz, d'après la figure publiée par M. Fritsch (Böhm. Kreide, II, p. 107). L'espèce-type dans les grès de Blackdown (Angleterre), d'après M. Gardner (*ibid.*), et dans les sables glauconifères de la Bohême, ma coll. Une espèce voisine du type dans le « Group Ootatoor » de l'Inde Méridionale, d'après Stoliczka.

TURONIEN. — Deux espèces ou variétés, dans les grès supérieurs de Devizes (Angleterre) : *Aporrhais subtuberculata* et *Cunninghtoni* Gardner (*Geol. Mag.*, 1880, p. 53). Deux espèces probables dans le « Group Trinchinopoly » de l'Inde Méridionole : *Alaria glandina* et *acicularis* Stoliczka (Cret. S. India, Pl. II, fig. 14-15 et 16-17). Une espèce dans la Craie de l'Utah : *Anchura prolabiata* White (*Perissoptera sec.* Stanton) d'après la Monographie de ce dernier (Cret. Color. form., p. 144, Pl. XXX, (fig. 2).

EMSCHERIEN. — Le troisième plésiotype ci-dessus figuré, dans les environs d'Aix-la-Chapelle. Une espèce dans les calcaires gris de Douvres : *Rostell. Mantelli* Gardn. (*loc. cit.*, Pl. VI, fig. 7-8). Trois espèces dans les couches de Priesen, en Bohême : *R. papilionacea* Goldf., ma coll., *R. megaloptera* Reuss, *R. coarctata* Gein., ma coll., et d'après les figures publiées par M. Fritsch (Böhm. Kreide, V, p. 85, fig. 75, 78) ; une autre espèce dans les couches de Chlomek, même région : *R. tannenbergica* Fritsch (*ibid.*, VI p. 46, fig. 40). Une espèce à l'état de moule dans la Craie supérieure du Brésil : *Anchura infortunata* White, d'après la monographie de cet auteur (Contrib. Pal. Brazil, p. 173, pl. XI, fig. 20).

DANIEN. — Une espèce voisine de *Rost. papilionacea*, à Port-Brehay (Manche) et à Maëstricht, ma collection.

TRIDACTYLUS, Gardner, 1875. Type : *Ap. cingulata*, Pict. et Roux. Alb.

(= *Cultrigera*, Böhm 1885).

Taille petite ; forme fusoïde, peu ventrue ; spire assez longue, à galbe peu conoïdal ; tours très convexes, bicarénés, séparés par de très profondes sutures ; dernier tour à peu près égal à la moitié de la hauteur totale, non compris les digitations, muni de trois carènes principales et de deux autres cordons, l'un sur la rampe suprasuturale, l'autre sur la région excavée de la base. Ouverture généralement disjointe de l'avant-dernier tour, obliquement étroite et prolongée par les trois rainures correspondant aux digitations ; péristome épais ; rostre antérieur recourbé, terminé par une digitation aiguë et très longue, parfois réunie par un lobe irrégulier à une autre digitation accessoire dont la nervure bifurque orthogonalement avec celle du rostre ; une seconde digitation oblique, diamétralement opposée à la précédente, est formée par une nervure qui prend naissance sur celle du rostre ; l'ensemble forme une croix plus ou moins développée, dont les branches latérales se réduisent quelquefois à un simple renflement, de part et d'autre de la nervure principale du rostre ; labre prolongé en outre par une digitation latérale, plus ou moins lobée, plus ou moins falciforme, dont la nervure externe est dans le prolongement de la carène postérieure du dernier tour ; cette aile se détache de la spire avec le péristome auquel elle attient.

Diagnose refaite d'après les figures de l'espèce-type, et d'après les échantillons-types de l'espèce-type de *Cultrigera*, des sables emschériens de Vaals : *Rostell. arachnoides* Muller (Pl. VI, fig. 5); et d'après une espèce voisine, montrant le détachement du péristome *R. Nilssoni* Mull. (Pl. VI, fig. 10) ; coll. de « Technische Hochschule » d'Aix-la-Chapelle, communiqués par M. Holzapfel. Croquis d'un individu très cultrigère (Fig. 5).

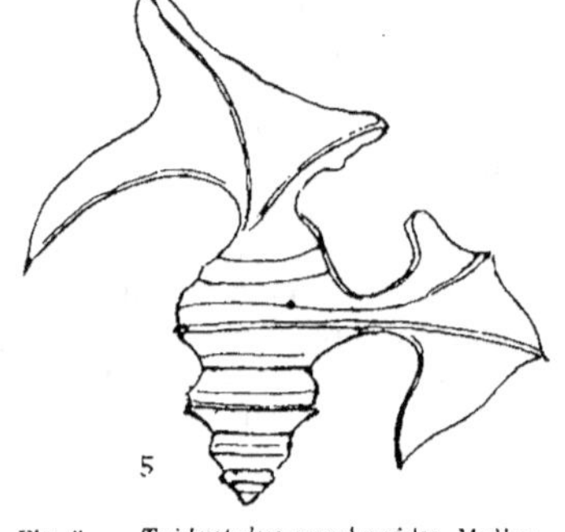

Fig. 5. — *Tridactylus arachnoides*, Muller. Grossi 3 fois.

Rapp. et diff. — Après plusieurs tâtonnements successifs dans ses articles sur les *Aporrhaidæ* d'Angleterre (Geol. Mag., vol. II, 1875, pp. 52, 291, 392), M. Starkie Gardner a créé, en dernier lieu, ce nom générique pour une espèce albienne dont il a figuré d'assez bons échantillons ; mais il lui a attribué trois digitations, tandis qu'en réalité, il y en a deux ou quatre, selon que la croix formée par la digitation rostrale est rudimentaire ou bien développée. On s'explique donc que M. J. Böhm ait proposé *Cultrigera* pour désigner des échantillons mieux conservés, chez lesquels la croix plus intacte et plus développée forme, en outre, des lobes qui ont justifié le choix de son nom (porte-couteaux), tandis que le nom antérieur *Tridactylus* est très mal choisi, attendu qu'il n'y a jamais trois digitations.

En réalité, ces deux noms s'appliquent bien à la même forme ; les échantillons-types des deux Genres se relient par un caractère fort important, indépendamment du système de l'ornementation qui est identique : c'est-à-dire par le détachement du péristome qui n'adhère pas à la base de l'avant-dernier tour, ce

que nous n'avons constaté jusqu'ici chez aucune autre coquille ailée ; c'est d'ailleurs par ce détachement de l'ouverture disjointe, par conséquent par la disparition de toute trace d'adhérence de l'aile avec la spire, que *Tridactylus* peut
être rapproché d'*Anchura* et de *Dicroloma*, malgré l'aspect phyllimorphe de ses
digitations qui ressemblent plutôt à celles de *Pterocerella*, à tel point que je les
avais d'abord confondus ensemble. Mais, tandis que chez *Pterocerella* qui est un
Chenopus, la partie inférieure de l'aile va rejoindre le sommet de la spire, l'aile
de *Tridactylus* n'a jamais le moindre contact avec celle-ci, même quand elle s'é-
panouit le plus comme chez quelques-uns des échantillons de *Cultrigera arachnoides* décrits par M. Holzapfel : les croquis que j'ai fait reproduire dans le texte,
à l'appui des diagnoses de *Pterocerella* et de *Tridactylus*, montrent clairement
cette différence capitale, et ils prouvent encore une fois que, pour le classement
générique des coquilles ailées, il faut se méfier de la forme apparente de l'aile.

Répart. stratigr.

    ALBIEN. — L'espèce-type, avec une espèce voisine (*T. Griffithsi* Gardner),
        dans le Gault de Folkestone ; la première existe aussi dans le Gault de la
        Perte du Rhône et de l'Aube, d'après Pictet.

    EMSCHERIEN. — Les plésiotypes ci-dessus figurés, dans les sables de Vaals
        près d'Aix-la-Chapelle, d'après la Monographie de M. Holzapfel.

DIEMPTERUS, Piette, 1876.

Varice opposée au labre et généralement mucronée ; aile peu dilatée, munie d'une ou de deux épines divergentes ; rostre antérieur
rectiligne, très effilé.

DIEMPTERUS, *sensu stricto.*   Type : *D. lonqueuanus*, Piette, Kim.

Taille médiocre ; fusoïde, turriculée ; spire élevée, à galbe conique,
parfois un peu longue ; tours élevés, anguleux, ornés de filets spiraux, portant des traces irrégulièrement placées de l'arrêt de l'accroissement de l'aile, sous la forme de varices mucronées. Dernier
tour égal aux deux tiers de la hauteur totale, bianguleux, à base
excavée et ornée comme la spire, portant une véritable aile diamétralement opposée au labre avec deux longues épines droites et di-

vergentes ; sur sa face dorsale, on distingue assez souvent la trace
d'une troisième aile simplement mucronée. Ouverture assez longue,
subpentagonale, dépourvue de gouttière postérieure, terminée en
avant par un rostre étroit et droit ; labre non dilaté, peu épaissi,
armé de deux digitations épineuses, rectilignes et divergentes, rainurées à l'intérieur ; columelle à peu près verticale, faisant un angle très ouvert avec la base de l'avant-dernier tour, sur laquelle elle
s'implante sans inflexion ; bord columellaire
un peu étalé, médiocrement calleux.

Diagnose complétée d'après la figure de l'espèce-
type dans la Paléontologie française ; reproduction de cette figure (Fig. 6).

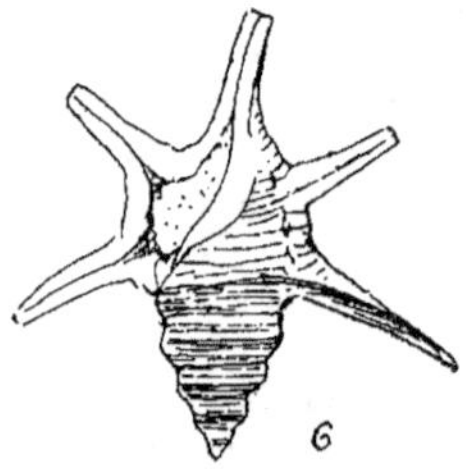

Rapp. et diff. — Bien que M. Piette n'ait pas désigné le type de son Genre, j'ai choisi, comme Fischer,
la seule espèce d'une conservation à peu près intacte

Fig. 6. — Diempterus lonqueu-
canus, Piette. Grand. natur.

qui réponde, parmi les trois qu'il a décrites, aux caractères de la diagnose originale ; les deux autres espèces sont beaucoup moins certaines, la première
surtout qui n'appartient probablement pas au même groupe, et qui d'ailleurs,
dans l'état où on l'a trouvée jusqu'ici, est presque génériquement indéterminable.

Le choix du type étant élucidé, *Diempterus* se distingue de *Dicroloma* parce
que la spire — et particulièrement le dernier tour — porte une varice aliforme
et biépineuse, au lieu de l'unique épine qu'on trouve fréquemment isolée sur la
surface dorsale de *Dicroloma* ; les autres caractères sont bien près d'être entièrement semblables, sauf que l'aile de *Diempterus* est moins dilatée, et que son
rostre antérieur, plus long, n'est jamais incurvé. M. Piette a indiqué ainsi qu'il
suit le motif pour lequel il attache à cette seule différence une importance suffisante pour distinguer un Genre : « Les épines ou les gibbosités que les Alaires
» ont sur le côté opposé à l'aile, sont les indices d'une modification du manteau
» correspondant à un simple ralentissement dans la croissance, ou à un temps
» d'arrêt assez court parce que les lanières [du manteau recouvertes et proté-
» gées par ces digitations] n'ont pas disparu quand la croissance recommençait.
» Les ailes anciennes que les Diemptères ont sur le côté columellaire [ou sur le
» dos] sont les traces d'une modification du manteau correspondant, dans la
» croissance, à un temps d'arrêt considérable, après lequel l'animal n'a recom-
» mencé à grandir que lorsque le manteau eut repris complètement sa forme
» primitive. »

Je ne sais si cette explication un peu subtile satisfera mieux le lecteur qu'elle
ne me satisfait : je trouve, en particulier, qu'elle n'explique pas du tout pour-

quoi il y a toujours une varice avec deux épines à l'aile diamétrale de *Diempte-rus*, tandis qu'il n'y a jamais qu'une épine ou une gibbosité, sans varice complète d'une suture à l'autre, chez *Dicroloma*, bien que ce dernier ait souvent deux digitations à l'aile du labre ; il en résulterait donc qu'une seule lanière du manteau, sur deux, se serait trouvée protégée pendant l'arrêt de croissance ? Quoi qu'il en soit de ces hypothèses, j'admets volontiers qu'au point de vue du test, seul vestige connu de ces formes mésozoïques, *Diempterus* se distingue au moins autant de *Dicroloma* que *Diartema* de *Chenopus*, c'est-à-dire que j'en fais un Genre et non pas une Section.

Répart. stratigr.

BATHONIEN. — Une espèce incertaine dans le « Cornbrash » des Ardennes et du Boulonnais : *Pterocera bialata* Piette, coll. Legay.

CALLOVIEN. — Une espèce bien caractérisée dans le gisement de Montreuil-Bellay : *Rostellaria goniata* Héb. et Desl., d'après la Monographie de ces auteurs.

SEQUANIEN. — L'espèce-type dans les calcaires marneux supérieurs de la Meuse, d'après la Paléontologie française.

ALBIEN. — Une espèce connue par des fragments dont l'un montre les deux varices bimucronées, dans le Gault de Cosne (Nièvre) : *Fusus Dupinianus* d'Orb., d'après les figures publiées par M. de Loriol qui la place dans le Genre *Spinigera* (Etudes faune couches Gault Cosne ; *Mém. Soc. pal. Suisse*, vol. IX, 1882, p. 11, Pl. II, fig. 5-9).

SPINIGERA, d'Orbigny, 1847 ([1]). Type : *Ranella longispina*, Desh. Baj.

Taille moyenne ; forme étroite, turriculée ; spire longue, à galbe conique ; tours convexes, généralement anguleux et ornés de cordons spiraux, portant aux deux extrémités de leur diamètre transversal des varices lamelleuses, peu saillantes, qui, à partir du sixième tour, sont munies d'une épine longue et grêle, presque droite et perpendiculaire à l'axe, rainurée à l'intérieur ; ces varices et épines qui forment deux rangées ranelloïdes et étagées, correspondent aux arrêts successifs de l'accroissement du labre. Dernier tour supérieur

---

(1) Prod. Pal. strat. I, p. 270. Il existait antérieurement un Genre d'Hémiptères, auquel Burmeister avait déjà donnée le nom *Spiniger* ; mais bien que la simple désinence d'un adjectif soit une bien faible différence pour écarter la synonymie, je n'ai pas voulu prendre sur moi de remplacer le nom si connu et universellement admis *Spinigera*.

à la moitié de la hauteur totale, y compris le rostre, rapidement excavé à la base qui est finement striée ; ouverture petite, ovale ou sub-
polygonale, sans gouttière postérieure, se terminant en avant par un
rostre très long, droit, canaliculé, mais clos par l'enroulement de son
bord autour de l'axe, de sorte que sa rainure interne forme une spirale très détendue ; pas de sinuosité basale ; labre non dilaté, terminé
par une épine au moins aussi longue que le rostre, mais rainurée
en ligne droite jusqu'à son extrémité ; columelle parfaitement rectiligne, formant un angle de 120° avec la base de l'avant-dernier
tour, entièrement lisse ; bord columellaire indistinct, non limité.

Diagnose faite d'après un individu de l'espèce-type, du Bathonien de Ranville
(Pl. VII, fig. 2), coll. Deslongchamps, communiqué par M. Bigot.

Rapp. et différ. — *Spinigera* a la plus grande analogie avec certains *Dicroloma*, par son galbe général et même par ses épines rectilignes ; seulement, tandis que ces épines, marquant l'arrêt de l'accroissement, se montrent aussi sur
la surface dorsale de *Dicroloma*, elles forment seulement deux rangées diamé-
trales chez *Spinigera* ; en outre, le labre ne porte qu'une seule digitation ou
épine, comme cela a lieu chez *Pietteia*, mais cette épine n'est pas hamiforme
comme celle de ce dernier. Quant aux varices latérales, elles se bornent à une
lamelle recouvrant la surface et dont le reploiement donne naissance à l'épine,
ce qui les distingue complètement des varices saillantes et festonnées de *Diartema*. Il reste à comparer *Spinigera* à *Diempterus* qui a aussi des épines latérales ; tout d'abord, le dernier tour n'est pas bicaréné, ce qui explique l'existence d'une épine unique à l'aile et sur le bord opposé ; ensuite, le dernier tour
est plus court, et par suite l'ouverture et moins oblongue ; enfin, *Diempterus*
porte généralement des épines dorsales comme *Dicroloma*, tandis que *Spinigera*
n'a absolument que ses deux rangées diamétralement symétriques, exclusivement armées d'une épine sur chaque tour. Pour ces différents motifs, je n'ai pas
adopté l'opinion de Piette et de Fischer qui ont admis *Spinigera* comme Sous-
Genre de *Dicroloma*, et je l'ai rattaché à *Diempterus* qui a le même critérium
générique, mais à titre de Sous-Genre caractérisé par une épine au lieu de
deux.

Répart. stratigr.
  Toarcien. — Une espèce dans la zone à *Ammonites bifrons* du Jura : *S. Du-
    mortieri* Piette, d'après la Paléont. française.
  Bajocien. — L'espèce-type dans l'Oolite inférieure du Calvados, coll. Des-
    longchamps. Trois espèces, outre le type, dans l'Oolite inférieure du York-

shire : *Alaria Trinitatis* Tawney, *S. recurva* et *crassa* Hudleston (la quatrième : *S. didactyla* Hudl. n'est probablement qu'un *Dicroloma*), d'après
la Monographie de M. Hudleston (*Palæontogr. Soc.*, 1887, pp. 103-107,
Pl. III, fig. 3-7).

Bathonien. — L'espèce-type dans la Grande Oolite du Calvados, coll. Deslongchamps.

Callovien. — Deux espèces, dont la seconde n'est peut être que le moule
interne de la première, dans l'Oxfordien inférieur de la Sarthe et de Montreuil-Bellay : *S. compressa* d'Orb., ma coll., *S. nitida* Héb. et Desl., d'après
la Paléont française ; une espèce dans l'Oxfordien inférieur ou Lédonien
du Jura bernois : *S. Danielis* Thurm., d'après la Monographie de M. de
Loriol (*Mém. Soc. pal. suisse*, vol. XXVI, p. 128, Pl. IX, fig. 10-15).

Oxfordien. — Deux espèces, dont la première est très variable, dans le Jura
et les Ardennes : *S. protea* Piette, *S. reticulata* Piette, d'après la Paléont.
française. Une espèce dans l'Oxfordien supérieur du Jura bernois : *S. Rol-
lieri* de Loriol, d'après la Monographie de cet auteur (*Mém. Soc. pal. suisse*,
vol. XXVIII, p. 38, Pl. III, fig. 10).

STRUTHIOLARIIDÆ, Fischer, 1884.

Coquille bucciniforme ou éburnoïde, généralement ornée, à ouverture munie d'un bec antérieur et d'une échancrure latérale à
gauche de ce bec ; labre sinueux, peu épais, non ailé ; bord columellaire largement étalé. Opercule corné, unguiculé, à nucléus
apical.

Observ. — La disparition complète de l'aile, le contour sinueux du labre,
justifient la création de cette petite Famille qui se rattache aux *Aporrhaidæ* par
son échancrure basale et par son bec adjacent à cette échancrure. D'autre part,
le contour découpé de l'aile de *Pereiraia* a quelque analogie avec celui du labre
de *Struthiolaria* ; mais l'absence de rostre et de sinuosité antérieure chez ce
dernier ne permet pas de pousser plus loin le rapprochement avec la Famille
Strombidæ.

Les Struthiolaires sont des formes dont l'ancienneté ne remonte pas, sauf une
exception encore douteuse, au delà de l'époque tertiaire, et qui, par conséquent,
ne constituent pas un appoint bien utile pour la phylogénie des coquilles ailées :
les Gastropodes crétaciques qu'on a dubitativement classés dans cette Famille

ne lui appartiennent certainement pas, malgré leur apparente similitude, et je ne crois pas qu'elle ait de représentants au dessous du Tertiaire moyen, époque à partir de laquelle elle paraît remplacer les *Chenopus* dans l'hémisphère austral. Il paraît donc probable que leur origine est la même, mais avec cette différence que, chez *Struthiolaria*, l'aile s'est complètement atrophiée et que le rostre s'est réduit à un simple bec très court, conservant seulement la courbure dont l'inclinaison à gauche caractérise *Chenopus*.

Tableau des Genres, Sous-Genres et Sections

STRUTHIOLARIA (Bec court, adjacent à la sinuosité basale)	STRUTHIOLARIA (Bord columellaire mince et large)	*Struthiolaria* (Labre bisinueux)
	PELICARIA (Epaisse couche de vernis sur la spire)	*Struthiolariopsis* (Labre inconnu).
		Pelicaria (Echancrure suturale)

Genres à éliminer de la Famille

LOXOTREMA, Gabb, 1869. — Type : *L. turrita* Gabb. (Pal. of Calif., T. II, cretac. fossils, p. 168, Pl. XXVIII, fig. 49). D'après la figure publiée par l'auteur et représentant une coquille turriculée, à tours étagés, à ouverture un peu disjointe, portant en avant l'indice d'un bec légèrement sinueux, il me semble que *Loxotrema* a les plus grandes affinités avec le Genre *Paryphostoma* Bayan (= *Keilostoma* Desh.), qui a déjà été signalé par moi dans le Crétacique et notamment à Gosau dans le Tyrol (Assoc. franç., 1896, tir. à part, p. 18, Pl. 1, fig. 18). Pour en acquérir la certitude, il faudrait vérifier si le labre de *L. turritum* est extérieurement muni du rebord large et calleux qui caractérise *Paryphostoma*.

DOLOPHANES, Gabb., 1872. — Type : *D. melanoides* Gabb., du Tertiaire des Antilles. Dans son Manuel de Conchyliologie, Fischer a fait observer que cette coquille, — sur laquelle je n'ai d'ailleurs aucun autre renseignement, — est d'une petite taille, a une forme de *Melania*, avec un test épineux et la base munie d'une perforation ombilicale, de sorte que sa classification dans la Famille *Struthiolariidæ* n'est justifiée par aucun caractère autorisant ce rapprochement.

STRUTHIOLARIA, Lamarck, 1812.

Coquille ovale-oblongue, imperforée ; tours anguleux, noduleux sur l'angle ; ouverture assez large, anguleuse en avant, avec un bec court, largement sinueuse à gauche du bec ; labre réfléchi, sinueux ; columelle excavée, tordue en avant ; bord columellaire largement étalé sur la base.

STRUTHIOLARIA, *sensu stricto.* Type : *Murex pes-struthiocameli,* Ch. Viv. (= *S. papulosa,* Martyn).

Test peu épais. Taille assez grande ; forme buccinoïde ; spire assez élevée, étagée, à galbe conique ; tours anguleux en arrière, ornés de nodosités sur l'angle et de cordonnets spiraux sur le reste de leur surface. Dernier tour égal aux trois cinquièmes de la hauteur totale, avec une rampe excavée au-dessous de l'angle couronné de tubercules, à profil un peu concave au-dessus de cet angle, arrondi à la périphérie de la base qui est déclive, sillonnée comme la spire, imperforée et à peine excavée sur le cou. Ouverture large, subpentagonale, avec une faible gouttière dans l'angle inférieur, terminée en avant par un bec très court et obtus, largement échancrée à la base et à gauche du bec par une sinuosité peu profonde ; labre mince, lisse et vernissé à l'intérieur, réfléchi à l'extérieur, vertical dans son ensemble, quoique représentant une double sinuosité latérale ; columelle lisse, très excavée au milieu, recourbée en avant avec le bec ; bord columellaire mince et largement étalé sur la base, un peu plus calleux en avant.

Diagnose complétée d'après un échantillon de l'espèce-type, et d'après un plésiotype de l'Oligocène supérieur de la Patagonie : *S. ornata* Amegh. (Pl. VIII, fig. 3-4), ma coll. Autre plésiotype pliocénique de la Nouvelle Zélande : *S. vermis* Martyn (Pl. VIII, fig. 2), coll. Bonnet.

Observ. — Le type de ce Genre est, d'après Herrmannsen, une coquille synonyme de *S. papulosa,* et non *S. nodulosa* Lamk., que plusieurs auteurs réunissent d'ailleurs à l'espèce de Martyn ; l'ornementation varie, en effet, beaucoup avec l'âge de cette coquille, de sorte qu'il n'y a probablement qu'une seule espèce connue sous ces deux noms. Quoi qu'il en soit, les caractères génériques étant exactement les mêmes chez ces diverses variétés, l'incertitude qui plane sur le type authentique du Genre de Lamark n'a qu'une importance secondaire au point de vue du classement systématique.

Répart. stratigr.

Oligocene. — L'espèce plésiotype ci-dessus figurée, dans la formation santacruzienne de la Patagonie, ma coll.

Miocene. — Une espèce dans la Nouvelle-Zélande : *S. cincta* Hutton, d'après
cet auteur (Catal. tert. Moll. N. Z., p. 11).

Pliocene. — Trois espèces dans les couches néogéniques supérieures de la
Nouvelle-Zélande : *S. papulosa, vermis* Martyn, *S. Frazeri* Hector *in* Hutton, d'après la Monographie précitée de cet auteur. Deux autres espèces de
la même provenance, peut-être identiques : *S. canaliculata, cingulata*
Zittel, d'après le « Handbuch der Palæontologie » de cet auteur (p. 259).

Epoque actuelle. — Quatre espèces ou variétés, sur les côtes de la Nouvelle-
Zélande, d'après le Manuel de Tryon.

STRUTHIOLARIOPSIS, Wilckens, 1904. Type : *Fusus Ferrieri*, Phil. Sén.

Forme et ornementation de *Struthiolaria* ; ouverture mutilée à labre inconnu.

Observ. — Malgré l'analogie avec une espèce tertiaire du Chili (*S. chilensis*
Phil.), il est difficile de caractériser cette Section de *Struthiolaria*, dont la création est tout au moins prématurée. Le seul intérêt qui se dégagerait de cette
observation, si elle était plus certaine, consisterait dans la preuve de l'ancienneté relative des *Struthiolariidæ* dans l'Amérique du Sud.

Répart. stratigr.
Senonien. — L'espèce-type dans les couches de Quiriquina, au Chili d'après
la figure publiée par l'auteur (Revis. Quiriq. sch. 1904, p. 208, pl. XVIII,
fig. 5).

PELICARIA, Gray, 1857.   Type : *Buccinum scutulatum*, Mart. Viv.
(= *Tylospira*, Geo. Harris 1897).

Taille assez grande ; forme de *Pseudoliva* ; spire étagée, à galbe conique ; tours d'abord lisses et convexes, puis anguleux avec une
rangée de crénelures sur l'angle ; des cordons spiraux apparaissent
sur la rampe souvent très aplatie située au-dessous de la suture, et
aussi sur la région antérieure de chaque tour ; mais bientôt, cette région est recouverte par un vernis calleux qui envahit toute la surface et qui oblitère la suture. Dernier tour égal ou un peu supérieur
aux deux tiers de la hauteur totale, aplati sur les flancs, subanguleux à la périphérie de la base qui est déclive et vernissée jusqu'à un

bourrelet spiral, très obsolète, qui aboutit à l'échancrure, le cou étant absolument nul. Ouverture assez courte, large, à peu près ovale, presque sans gouttière postérieure, simplement anguleuse en avant et dépourvue de bec, avec une sinuosité basale à peine échancrée ; labre un peu épais, lisse à l'intérieur, proéminent en avant contre la sinuosité basale, légèrement sinueux au milieu, échancré vers la suture ; columelle lisse, excavée ; bord columellaire calleux, formant une seconde couche bien distincte de la première couche de vernis qui recouvre tout le dernier tour et une partie de l'avant-dernier.

Diagnose complétée d'après un plésiotype fossile du Miocène de l'Australie : *Pelicaria coronata* Tate (Pl. VIII, fig. 5-6), ma coll.

Observ. — Dans son « Catal. of tert. Moll. Brit. Mus. » (Austral., p. 218), M. Geo. Harris conteste le type de *Pelicaria*, qui a été décrit par Gray en quelques lignes très peu reconnaissables, et il émet l'opinion que ce type est le même que *S. vermis*, c'est-à-dire un *Struthiolaria* bien caractérisé ; en conséquence, il propose le nouveau nom *Tylospira* pour *Bucc. scutulatum* dont il admet la séparation au point de vue générique. Cette interprétation me paraît reposer sur une base tout à fait arbitraire : tous les auteurs (Tryon, Zittel, Fischer) ont admis, jusqu'à présent, *S. scutulata* comme type de *Pelicaria* ; d'autre part, il est peu admissible que Gray, qui connaissait parfaitement *Struthiolaria vermis* et *Buccinum scutulatum*, ait précisément créé un nouveau Genre — non pas pour la seconde espèce qui est bien distincte — mais pour une espèce génériquement identique à la première de ces deux formes. Dans ces conditions, il y a lieu de rejeter *Tylospira*.

Rapp. et diff. — *Pelicaria* se distingue de *Struthiolaria*, non seulement par la couche de vernis qui s'étend sur le dernier tour et sur une partie de la spire, en comblant les sutures comme chez *Ancilla*, mais encore par la disparition presque complète du bec siphonal et du cou, par la saillie plus proéminente du labre en avant, ainsi que par l'échancrure suturale de ce dernier. Ces différences justifient bien la séparation d'un Sous-Genre, eu égard aux critériums que j'ai adoptés.

Répart. stratigr.
MIOCENE. — L'espèce plésiotype ci-dessus figurée, en Australie.
EPOQUE ACTUELLE. — L'espèce-type sur les côtes de la Nouvelle-Zélande.

COLUMBELLINIDÆ, Fischer, 1884.

Coquille solide, à spire assez courte, généralement treillissée, rugueuse ou même subvariqueuse, canaliculée à la base ; ouverture très étroite, ou même sinueuse, comprise entre un labre épais et bordé, et une columelle peu excavée, calleuse ou même ridée, recouverte par un bord qui s'étend sur une partie de la base.

Observ. — Cette Famille, formée de Genres extraits avec raison des *Columbellidæ* (v. Essais Pal. comp., T. IV, p. 230) où on les avait d'abord placés, a été classée par Fischer entre *Ranella* et *Cassis*, à cause de certaines similitudes dans la disposition de l'ouverture. Cette opinion ne me satisfait pas complètement, et je propose d'intercaler la Famille *Columbellinidæ* après les coquilles ailées et avant les *Cerithidæ*, pour les motifs suivants : d'abord les *Columbellinidæ* ont l'ouverture canaliculée à la base, non échancrée comme celle des *Buccinidæ* ou des *Cassididæ*; toutefois ce canal plus ou moins long, mais bien formé, n'a aucun rapport avec le rostre des *Strombidæ* et des *Aporrhaidæ*, et il me semble qu'il ressemble davantage à celui des *Cerithidæ*; d'autre part, le labre est très développé, presque ailé comme celui des *Strombidæ* et festonné comme chez *Diartema* ; mais il est épais, souvent plissé à l'intérieur, et muni en arrière d'une gouttière qui a quelque analogie avec celle de quelques *Rostellaria*, comme aussi avec celle d'*Eustoma* ou de *Brachytrema* qui sont plutôt des *Cerithiacea*. Les rides de la columelle calleuse ont pu motiver, dans une certaine mesure, le rapprochement des *Columbellinidæ* et des *Cassididæ*; mais il n'y a pas d'autre point commun entre les deux formes ; d'autre part, ces rides suffisent pour distinguer les membres de cette Famille des coquilles ailées qui ont toujours le bord columellaire lisse, aussi bien que des *Cerithiacea* qui ont parfois un pli columellaire, mais qui n'ont jamais de rides.

La phylogénie de cette Famille justifie encore, dans une certaine mesure, notre classification : ce sont des coquilles exclusivement mésozoïques, qui prennent naissance dans l'Oolite moyenne et qui ne dépassent pas le Cénomanien, c'est-à-dire qu'elles ont vécu pendant une période séparée par une longue interruption de celle à laquelle ont commencé à apparaître les *Cassididæ*; il est probable qu'elles forment un rameau détaché de *Diartema* et remplacé, à la fin du Système crétacique par *Pterodonta*, c'est-à-dire par un ancêtre probable des *Strombidæ*. Cette hypothèse, qui paraît satisfaisante à beaucoup de points de vue, se heurte cependant à une objection : *Diartema*, de même que ses ancêtres alariiformes, est une coquille simplement rostrée en avant, sans véritable canal siphonal ; or le rameau *Columbellaria* se présente immédiatement avec un canal bien formé, de sorte que nous serions conduits à conclure que ce canal a de nouveau disparu à la fin du Crétacé pour aboutir à un type de Siphonostome simplement rostré. Pour se rendre compte de la valeur de cette objection, il faudrait connaître plus exactement *Pterodonta* et étudier son ouverture, de manière à faire ressortir si elle est canaliculée ou rostrée : c'est donc dans ce Genre jusqu'ici énigmatique que gît la clef de la question. Jusque-là, je laisse provisoirement *Pterodonta* classé dans la Famille *Columbellinidæ*, malgré sa surface lisse, et surtout parce que je suis embarrassé pour le classer ailleurs.

Tableau des Genres, Sous-Genres et Sections

COLUMBELLINA (Labre épais, gouttière échancrée)	**COLUMBELLINA** (Canal court)	*Columbellina* (Ouverture sinueuse
	COLUMBELLARIA (Canal nul)	*Columbellaria* (Ouverture élargie en avant)
	ZITTELIA (Rainure columellaire)	*Zittelia* (Ouverture linéaire, oblique)
ALARIOPSIS (Labre épais, plissé sans gouttière postérieure)	**ALARIOPSIS** (Canal court, bec non échancré)	*Alariopsis* (Ouverture piriforme)
PTERODONTA (Labre dilaté, variqueux à l'intérieur, subcanaliculé en arrière)	**PTEDORONTA** (Canal inconnu ?)	*Pterodonta* (Ouverture semi-lunaire)

Genre à éliminer de la Famille

PETERSIA, Gemmellaro, 1870. — Type : *Buccinum bidentatum* Buv. Le professeur Zittel (Handb. der Palæont., p. 266) place ce Genre dans les *Buccinidæ*, bien que l'ouverture ne soit nullement échancrée sur le cou ; Fischer l'a introduit dans la Famille *Columbellinidæ* à cause d'une petite gouttière que l'on y constate à l'intérieur du labre ; enfin M. de Loriol, qui a pu étudier plusieurs individus intacts, penche à croire que le classement proposé par Zittel est plus exact. En ce qui me concerne, après avoir comparé *Petersia* adulte avec *Brachytrema* muni de son labre intact, j'ai été frappé de l'identité d'une partie de leurs caractères génériques, de sorte qu'il me paraît impossible d'écarter ces deux coquilles : les seules différences, c'est que la columelle de *Brachytrema* n'est pas plissée, que son labre n'est pas denté, et qu'il n'y a pas de callosité pariétale. Nous retrouverons donc plus loin ces deux formes qui ne sont pas véritablement canaliculées, et qui trouvent leur place, comme les *Purpurinidæ*, à la limite des Siphonostomes et des Holostomes.

COLUMBELLINA, d'Orbigny, 1840.

Coquille strombiforme, épaisse, ouverture sinueuse, à gouttière canaliculée en arrière et à canal court, mais bien formé du côté antérieur ; labre plissé, sub-ailé ; columelle largement calleuse et ridée ; bord columellaire assez large et étalé.

COLUMBELLINA, *sensu stricto*.   Type : *C. monodactylus*, d'Orb. Néoc.

Test épais. Taille moyenne ; forme stromboïdale, ventrue, buccinoïde quand la coquille n'est pas adulte ; spire peu élevée, subétagée, à galbe subconoïdal ; tours convexes, souvent anguleux en arrière, ornés de cordons spiraux et de côtes axiales, droites, peu saillantes. Dernier tour supérieur aux deux tiers de la hauteur totale, arrondi à la base qui est imperforée, excavée vers le bourrelet du cou, seulement ornée de cordons, les côtes s'effaçant déjà à la partie inférieure du dernier tour. Ouverture très étroite, oblongue, contractée à ses deux extrémités : en arrière, où elle se prolonge par une gouttière oblique et linéaire ; et en avant, où le canal est droit, brièvement tronqué, sans échancrure véritable sur le cou ; labre vertical, très épais, généralement plissé ou plutôt rainuré sur son large rebord interne, réfléchi à l'extérieur où il forme presque une aile un peu dilatée, prolongé au delà de la gouttière postérieure, jusqu'à l'avant-dernier tour où il se raccorde avec le bord opposé ; columelle peu excavée, à peine coudée à l'origine du canal ; bord columellaire calleux et souvent ridé, largement étalé sur la base.

Diagnose refaite d'après des échantillons de l'espèce-type, du Néocomien de l'Yonne, coll. Peron ; et d'après deux espèces plésiotypes, de la même provenance : *C. subaloysia* Peron (Pl. VII, fig. 8-9), et *Fusus neocomiensis* d'Orb. (*in* Peron — Etude pal. terr. second. Yonne : Cephal. et Gastr. néoc. 1900, p. 147, Pl. IV).

Rapp. et diff. — Comme on peut s'en rendre compte par la diagnose ci-dessus, *Columbellina* se distingue de *Columbella* par son labre subailé, par sa gouttière postérieure, par son canal antérieur contracté sans échancrure, par son bord columellaire largement étalé, etc... Ce Genre a, d'autre part, d'incontestables affinités avec certaines coquilles ailées, notamment avec *Diartema* ; mais il s'en distingue essentiellement par son canal à la place du rostre antérieur des *Aporrhaidæ* ; il n'y a aucune trace de sinuosité basale. comme il en existe encore chez *Chenopus* ; enfin, le labre porte un biseau intérieur et rainuré qui ne ressemble guère au contour de l'aile toujours amincie des coquilles ailées.

Répart. stratigr.

NEOCOMIEN. — L'espèce-type et les deux plésiotypes ci-dessus mentionnés, dans le Valenginien de l'Yonne et de l'Aube, coll. Péron, coll. de l'Ecole des Mines ; l'une d'elles au même niveau, à Ste-Croix (Jura-Suisse), d'après Pictet et Campiche (*C. neocomiensis*), avec deux autres formes plus douteuses à l'état de moules ; *C. brevis* Pict. Camp., *C. dentata* de Loriol.

BARREMIEN. — Une espèce dans les marnes d'Hauterive et dans les calcaires jaunes du Mont Salève (Suisse) : *C. maxima* de Loriol.

APTIEN. — Une espèce inédite, en Espagne : *C. Verneuili* d'Orb. (Pl. III, fig. 25-26), coll. de l'Ecole des Mines, recueillie par de Verneuil, à Morella (voir l'annexe ci-après) ; une autre espèce à tours plus anguleux, dans le même gisement : *Aporrhais affinis* Coquand, d'après le Mémoire précité de cet auteur (p. 80, Pl. V, fig. 2).

ALBIEN. — Une espèce probable, dans le Gault de la Perte-du-Rhône et de Sainte-Croix : *Murex sabaudianus* Pict. et Roux, d'après la Monographie de Pictet et Campiche.

CENOMANIEN. — Une espèce dans les grès verts du Mans et de Cassis : *C. ornata* d'Orb., d'après la Paléont. française.

COLUMBELLARIA, Rolle, 1861.　　Type *Cassis corallina*, Quenst. Séq.

Taille moyenne : forme buccinoïde, ovale, assez ventrue ; spire médiocrement allongée, subétagée, à galbe conique ; tours étroits convexes ou faiblement anguleux au milieu, ornés de côtes axiales, droites, et de cordons spiraux. Dernier tour à peu près égal aux trois quarts de la hauteur totale, arrondi, non anguleux, orné de côtes spirales et granuleuses, jusque sur la convexité de la base, qui est dépourvue de côtes axiales et qui ne porte que des lamelles d'accroissement dans les interstices des côtes spirales ; cou très

Columbellina

court et excavé, sans bourrelet basal. Ouverture coudée, élargie
en avant, rétrécie et plus oblique en arrière, où elle se termine
par une gouttière profonde et légèrement échancrée sur le bord ;
canal antérieur réduit à une étroite fissure par le rapprochement
des deux bords opposés, très brièvement tronqué ; labre extrêmement épais, à peine réfléchi, non bordé et un peu sinueux sur son
contour, portant intérieurement un large biscau lacinié ou rainuré,
avec des crénelures épaisses sur le bord qui est excavé en avant et au
milieu, bombé en arrière ; columelle creuse vis-à-vis de l'excavation
du bord opposé, fortement crénelée sur toute son étendue ; bord columellaire assez large, calleux, subdétaché sur son contour.

- Diagnose refaite d'après la figure de l'espèce-type dans l'Atlas de Quenstedt,
  et d'après une espèce plésiotype du Kimméridgien de Valfin : *Columbellina
  Aloysia* Guir. et Ogér. (Pl. VII, fig. 10-11), coll. Guirand, au Muséum de
  Lyon.

Rapp. et diff. — *Columbellaria* est l'ancêtre évident de *Columbellina* ; malgré les petites différences que Zittel a indiquées pour justifier la séparation du
Genre de Rolle, je ne puis le considérer que comme un Sous-Genre de *Columbellina*, en tenant compte des critériums que j'ai adoptés pour cette Famille : la
gouttière postérieure ne forme pas une digitation aussi saillante que celle de ce
dernier ; en outre, le canal est moins complètement formé, sans bourrelet sur
le cou ; l'ouverture est plus élargie en avant ; la spire est moins étagée, un
peu plus conoïdale, avec une ornementation moins costulée sur le dernier tour,
tandis que les cordons sont plus persistants. Je n'insisterai pas de nouveau sur
les différences avec *Columbella*, qui sont les mêmes que pour *Columbellina*. Fischer n'a pas fait figurer de *Columbellaria* dans son Manuel ; autrement, je suis
persuadé qu'il aurait été, comme moi, frappé de la grande similitude entre ces
deux formes, et qu'il n'aurait pas admis *Columbellaria* comme un Genre distinct, avec une diagnose aussi peu différente.

Répart. stratigr.
    BATHONIEN. — Une espèce dans les calcaires à *Brachytrema* de St-Gaultier ;
        C. bathonica Cossm., ma coll.
    RAURACIEN. — L'espèce-type dans le Coral-Rag de Nattheim, d'après Quens-
        tedt.
    KIMMERIGDIEN. — L'espèce plésiotype ci-dessus figurée, dans le Ptérocérien
        de Valfin, coll. du Muséum de Lyon, obligeamment communiquée par M. le
        Dr Lortet.

PORTLANDIEN. — Plusieurs espèces ou variétés, dans les couches tithoniques de Stramberg : *C. magnifica, denticulata, dubia, granulata* Zittel, d'après la Monographie de cet auteur (pp. 203-205, Pl. XL, fig. 4-9).

ZITTELIA, Gemmellaro, 1870.   Type *Z. cypræiformis*, Gemm. Portl.

Taille assez petite ; forme globuleuse ; spire courte, pointue au sommet, à galbe extraconique quand la coquille n'a pas été usée, paraissant au contraire conoïdal quand la pointe a disparu par l'usure, tours étroits, subanguleux, noduleux sur l'angle, plissés à la suture ; dernier tour égal aux quatre cinquièmes de la hauteur totale, ovale-arrondi, à base peu excavée, entièrement couvert de gros cordons spiraux avec des granulations perlées, sans aucune trace d'ornementation axiale ; cou complètement nul, la convexité de la base se prolongeant jusqu'à l'échancrure qui tient lieu du canal siphonal. Ouverture cypréiforme, resserrée entre l'épaississement des bords opposés, tronquée et échancrée à la base, prolongée en arrière par une profonde gouttière oblique qui entaille le bord ; labre vertical, non dilaté, à peine réfléchi en dehors et crénelé sur le bord par les cordons externes, largement épaissi au milieu où il forme une callosité généralement lisse, les crénelures ne reparaissant que dans l'intérieur de l'ouverture ; columelle presque rectiligne, oblique, généralement lisse, simplement entaillée en avant par une rainure assez large et profonde qui ne paraît pas s'enfoncer en spirale ; bord columellaire peu épais, largement étalé sur presque toute la base, simplement limité et subdétaché du côté antérieur et autour de la gouttière postérieure.

Diagnose refaite d'après des échantillons de deux espèces plésiotypes : *Columbellina Victoria* Guir. et Ogér. (Pl. VII, fig. 6), et *C. Oppeli* Etallon (= *C. Sofia* Guir. et Ogér., Pl. VII, fig. 7), du Kimméridgien de Valfin, coll. Guirand, au Muséum de Lyon.

Rapp. et diff. — Ainsi que l'a fait remarquer Zittel dans son importante Monographie des Gastropodes de Stramberg (p. 204), *Zittelia* se relie à *Columbellina* par l'intermédiaire de *Columbellaria* : le labre est encore épais et crénelé à l'intérieur, festonné par les côtes spirales à l'extérieur ; l'ouverture est encore munie d'une profonde gouttière postérieure, échancrée dans le labre ; mais la digitation a totalement disparu, et la columelle, qui est lisse, porte une rainure échancrée, signalée par Gemmellaro dans sa diagnose comme un caractère important ; d'autre part, le canal est absolument tronqué, réduit à une échancrure encore plus ornée que celle de *Columbellaria*, mais cependant non entaillée sur le cou.

Si on le compare à *Columbellaria*, on trouve que *Zittelia* s'en distingue par son ouverture non élargie en avant, parce que le labre est épaissi au milieu au lieu de l'être en arrière ; en outre, le bord columellaire, plus étalé, est moins bien limité vers le milieu de la convexité de la base ; enfin l'ornementation, qui comporte des côtes axiales chez *Columbellina*, et aussi des traces de lamelles chez *Columbellaria*, se réduit ici à des cordons spiraux et granuleux. Je ne cite que pour mémoire la brièveté de la spire, que Zittel a désignée comme moins pointue qu'elle ne l'est en réalité chez les individus non usés.

En définitive, en tenant compte des critériums que j'ai adoptés pour cette Famille, *Zittelia* ne me paraît être qu'un Sous-Genre de *Columbellina*, beaucoup plus localisé d'ailleurs à la partie supérieure du système jurassique.

Répart. stratigr.

KIMÉRIDGIEN. — Les deux plésiotypes ci-dessus figurés, dans le Ptérocérien de l'Ain, classé à tort comme *Columbellaria* dans le « Handbuch der Palæont. » de Zittel, probablement à cause de leur spire saillante.

PORTLANDIEN. — Outre l'espèce-type en Sicile, avec une espèce voisine : *Z. Picteti* Gemm. (Studii pal. Calc. *Tereb janitor*, p. 86, 1870), — quatre espèces ou variétés dans les couches tithoniques de Stramberg : *Z. crassissima, Gemmellaroi, globulosa, læviuscula* Zittel, d'après la Monographie précitée de cet auteur.

ALARIOPSIS, Gemmellaro (¹), 1878.

Coquille bucciniforme, élégamment treillissée, à bec antérieur subcanaliculé ; ouverture piriforme, à labre bordé et uniplissé à l'intérieur ; bord columellaire calleux et lisse.

---

(1) G. G. Gemmellaro. — Sui fossili del calcare delle Montagne del Casale e di Bellampo nella provincia di Palermo (*Giorn. di Sc. nat. ed Econ. di Palermo*, T. XIII, pp. 188-190, Pl. V, fig. 40-44).

ALARIOPSIS, *sensu stricto*.   Type : *A. clathrata*, Gemm. Lias.

Taille moyenne ; forme buccinoïde, ventrue ; spire médiocrement
allongée, obtuse au sommet, à galbe conoïdal ; tours peu nombreux,
unicarénés, séparés par de profondes sutures, et ornés d'un élégant
treillis de costules obliques et de cordons spiraux ayant la même
saillie ; tours variqueux par suite d'arrêts dans l'accroissement de
l'ouverture ; dernier tour arrondi, supérieur à la moitié de la hauteur totale, à base peu excavée et spiralement sillonnée, jusque sur
le bourrelet du cou qui est lisse. Ouverture piriforme, sans gouttière
postérieure, terminée en avant par une sorte de canal ou de bec
assez court, non échancré à son extrémité ; labre épaissi à l'intérieur,
muni d'un pli interne du côté antérieur, bordé à l'extérieur par une
varice arrondie ; bord columellaire lisse, calleux, un peu arqué en
arrière, presque rectiligne en avant, où il est séparé de la callosité
du bourrelet par une rainure linéaire, non ombiliquée.

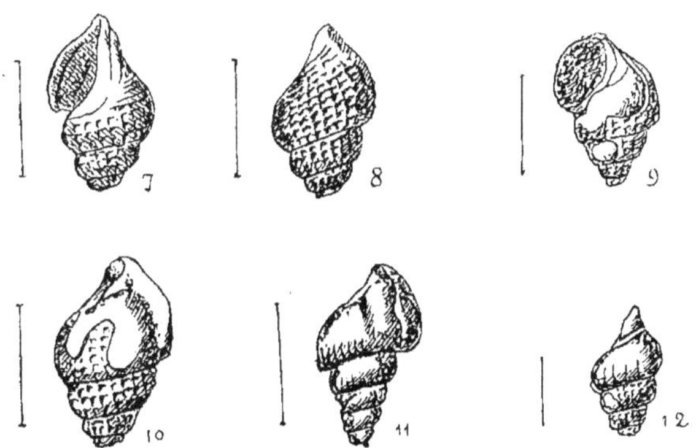

Fig. 7, 8, 9, 10, 11, 12. — Alariopsis clathrata, Gemm.

Diagnose en partie traduite d'après celle de l'auteur ; reproduction des figures de l'espèce-type (Fig. 7-12), d'après des dessins obligeamment faits par
M. le Dr S. Scalia.

Alariopsis

Rapp. et diff. — A la suite de la diagnose de ce Genre, M. Gemmellaro (¹) a discuté le classement qu'il y aurait lieu de lui attribuer : après l'avoir successivement comparé aux *Fusidæ* dont il se rapproche par son canal, et aux *Tritonidæ* auxquels il se rattacherait par ses varices indiquant les arrêts de l'accroissement de la coquille, il paraît conclure plutôt en faveur d'*Alaria*, justifiant d'ailleurs cette similitude par le choix du nom générique *Alariopsis* ; il ajoute, en effet, que certains *Alaria* liasiques ont la spire treillissée (*A. reticulata, A. bellula* Piette), et paraissent appartenir à un groupe adactyle, sur l'incertitude duquel j'ai donné ci-dessus mon opinion à propos de *Dicroloma* : dans l'état actuel — ai-je conclu — il est impossible de caractériser ce groupe d'*Aporrhaidæ* qui n'est pas représenté par des formes suffisamment conservées pour qu'on puisse conclure que l'aile n'est pas pourvue de digitations. D'ailleurs les *Dicroloma* liasiques dont il s'agit ont tous les tours anguleux et le dernier unicaréné, c'est-à-dire qu'ils se distinguent d'*Alariopsis* par un caractère essentiel qui est en corrélation certaine avec la forme et le contour de l'aile ; en résumé, ils ne paraissent adactyles que parce que l'aile est probablement cassée. Chez *Alariopsis*, au contraire, dont le dernier tour est arrondi, il est bien évident que la dilatation peu développée du labre ne peut être considérée comme une expansion aliforme, car ce labre est bordé à l'extérieur par une varice axiale sans nervure spirale, uniplissé à l'intérieur, tandis que les coquilles ailées ne le sont jamais ; en définitive, il me semble qu'il a beaucoup plus de ressemblance avec celui des *Columbellinidæ* qu'avec celui d'aucun *Chenopus* ou *Dicroloma*. Je suis surpris que M. Gemmellaro, qui a créé *Zittelia*, n'ait pas songé à ce rapprochement qui s'impose aussi par la similitude de l'ornementation de la spire chez les deux groupes de coquilles.

Toutefois, si *Alariopsis* est bien effectivement l'ancêtre de *Columbellaria* et de *Zittelia*, c'est-à-dire s'il procède, parallèlement à *Dicroloma*, d'une souche triasique qui est encore imprécise, il faut renoncer à l'hypothèse que j'ai émise ci-dessus, et d'après laquelle *Columbellaria* serait un rameau détaché de *Diartema*. Pour trancher définitivement cette question, il faut, là encore, attendre de meilleurs matériaux. Je ferai seulement remarquer, quant à présent, qu'*Alariopsis* se distingue génériquement de *Zittelia* et de *Columbellaria* par son bec moins caniculé, quoique ce ne soit pas un rostre comme chez *Dicroloma*, par l'absence d'une gouttière à la partie postérieure de l'ouverture, et par son bourrelet distinct du bord columellaire.

Répart. stratigr.

Sɪɴᴇᴍᴜʀɪᴇɴ ᴏᴜ Hᴇᴛᴛᴀɴɢɪᴇɴ. — L'espèce-type dans les calcaires cristallins de la base du Lias, en Sicile, d'après les renseignements fournis par M. le Doct. Scalia.

---

(1) Au cours de l'impression de cette livraison, nous avons précisément appris le décès de ce savant, dont la disparition va laisser un grand vide dans la Pàléontologie.

PTERODONTA, d'Orbigny, 1843.

Coquille ovale-oblongue, à spire régulièrement conique, dont le moule porte l'empreinte d'une côte oblique, intérieure au test, vis-à-vis le labre et aussi du côté opposé.

PTERODONTA, *sensu stricto*.   Type : *P. inflata*, d'Orb. Cén.

Test épais, très rarement conservé. Taille assez grande ; forme massive, ovale-oblongue, souvent comprimée ; spire conique, généralement inférieure à la moitié de la hauteur totale ; tours convexes, à sutures profondes, mais non étagées, à surface lisse. Dernier tour grand, ventru, muni, du côté opposé au labre, d'une varice calleuse, produite par l'épaississement du vernis columellaire, et laissant sur le moule la trace en creux d'une côte interne, oblique, bilobée en forme de 8 ; base canaliculée (?) ou échancrée [*sec.* Fischer] ; labre « dilaté, quelquefois bordé en dehors, sans sinus, un peu prolongé et subcanaliculé en arrière », muni à l'intérieur d'une saillie dentiforme, oblique et lobée comme celle qui existe à l'intérieur du test, du côté opposé ; columelle excavée en arrière, lisse, infléchie à gauche du côté antérieur ; bord columellaire fortement calleux, surtout épaissi au milieu où il forme une saillie correspondant à la varice interne, étalé sur la base et bien limité de ce côté par une légère rainure.

Diagnose complétée d'après des échantillons de l'espèce-type, du Cénomanien de Coulaines (Pl. VIII, fig. 10-12), coll. Peron.

Observ. — Le classement de ce Genre auprès des *Strombidæ* est très incertain ; cette opinion, adoptée par Fischer, ne repose absolument que sur la forme générale et la taille du moule interne, ainsi que sur les traces de prolongement aliforme que présente en arrière le labre de certains individus.

D'Orbigny a fait une restauration fantaisiste de cette aile, et il a attribué à la base une échancrure subcanaliculée que je n'ai pu vérifier nulle part : aussi ai-je mis entre guillemets, ou ai-je accompagné de points de doute, tous ces caractères hypothétiques, dont la constatation est d'autant plus difficile à faire que les moules eux-mêmes de l'espèce-type sont extrêmement rares dans les collections, tandis que les autres espèces qu'on a rapportées au même Genre n'y appartiennent probablement pas.

La seule chose qu'il me soit possible d'affirmer, c'est que la dent du labre se présente obliquement, qu'elle comporte une crête à deux saillies, et qu'elle se reproduit symétriquement à 180°, sous un épaississement du callus columellaire, ainsi que je l'ai constaté sur un fragment muni de son test, qui m'a également permis de remarquer que la columelle a une inflexion comparable à celle de *Pelicaria* ; mais, la partie antérieure étant brisée, je n'ai pu suivre cette inflexion pour vérifier si elle aboutit à un canal ou à un bec adjacent à une échancrure.

En définitive, tant qu'on ne connaîtra pas la partie antérieure de l'ouverture de *Pterodonta*, on en sera réduit à faire des hypothèses plus ou moins exactes au sujet du classement de cette grosse coquille : les varices internes me font douter que ce soit un membre de la Famille *Strombidæ*, elle n'a pas le galbe des *Aporrhaidæ*, ni l'échancrure de *Pelicaria* : peut-être le labre présente-t-il le prolongement digité en arrière des *Columbellinidæ* à la suite desquels je place ce Genre ; mais il pourrait tout aussi bien rester classé auprès de *Varigera* et de *Tylostoma* que l'on s'accorde à considérer comme des Holostomes, quoique cependant Stoliczka ait précisément fait l'inverse, c'est-à-dire qu'il a réuni les trois formes en un seul Genre, auprès de *Rostellaria*.

Répart. stratigr.

CÉNOMANIEN. — Outre l'espèce-type, dans la Sarthe et la Provence, ma coll., une autre espèce sub-ailée dans la Charente : *P. elongata* d'Orb., d'après la Paléont. franç. des terrains crétacés, et d'après un échantillon du Beausset (Var), dépourvu d'aile, ma coll. (¹). Une espèce dans le groupe « Ootatoor » de l'Inde méridionale. *P. ootatooriensis* Stoliczka, d'après la Monographie précitée par cet auteur.

TURONIEN. — Une espèce arrondie, dans les grès d'Uchaux : *P. naticoides* d'Orb., d'après la Paléont. française des terr. crét., et d'après un moule informe de Bollène, ma coll. Une espèce dans le groupe « Arrialoor » de l'Inde méridionale : *P. bulimoides* Stol. (*ibid.*).

SÉNONIEN. — Plusieurs espèces très incertaines, dont deux munies de traces de dents, dans l'Ouest et dans le Midi de la France ; *P. intermedia* d'Orb., *P. pupoides* et *scalaris* d'Orb., d'après la Paléont. française ; une autre espèce dans l'étage « Santonien » de l'Ouest : *P. obesa* Coquand. Une espèce dans le groupe « Trinchinopoly » de l'Inde méridionale : *P. nobilis* Stol. (*ibid*).

---

(1) Les deux espèces décrites et figurées par M. Peron, dans les « Moll. crét. de Tunisie » : *P. Dutrugei* Coq. et *P. Deffisi* Thom. et Peron, ne me paraissent pas appartenir à ce Genre ; ce sont d'ailleurs des moules internes, allongés, à peu près indéterminables.

ANNEXE

1° Notes complémentaires relatives aux cinq premières livraisons

*

Première Livraison

RICTAXIS. — A ajouter (p. 52):

PLEISTOCÈNE. — L'espèce-type (*Act. punctocœlatus* Carp.) dans les couches récentes de San-Diego (Calif.), ma coll. Je saisis cette occasion pour en donner deux figures (Pl. IX, fig. 8-9), celle que j'avais précédemment publiée (I, Pl. 1, fig. 10) représentant un individu vivant.

MICROGLYPHIS, Dall, 1902. Type: *Aclæon curtulus*, Dall. Viv.

Observ. — Cette Section est caractérisée par sa spire courte et par sa forme globuleuse, par sa columelle non seulement tronquée comme celle de *Rictaxis*, mais munie d'un sillon qui sépare un second pli plus faible, en arrière de la lame principale: malheureusement, l'auteur n'en a pas publié de figure.

TOLEDONIA, Dall, 1902. Type: *T. perplexa*, Dall. Viv.

Observ. — Coquille petite, lisse, mince, imperforée; columelle portant un pli basal assez saillant; nucléus lisse, dextre (!) Le classement de ce Genre est très embarrassant: on ne peut le rapporter ni aux *Opisthobranchiata*, ni aux *Pyramidellidæ*, à cause de sa protoconque non hétérostrophe. Il est d'autant plus regrettable que l'auteur n'en ait publié aucune figure.

[A ajouter, p. 94]:

CYLICHNOPSIS, *nov. sect.* Type: *Cylichna acrotoma*, Cossm. Eoc.

Forme de *Bullinella*; sommet tronqué, anguleux à la périphérie; labre échancré à l'extrémité inférieure, sur la face plane et calleuse

qui recouvre plus ou moins complètement la perforation ombilicale.

> Diagnose faite d'après les échantillons de l'espèce-type (Fig. 13)
> de l'Éocène moyen de Claiborne, ma coll.

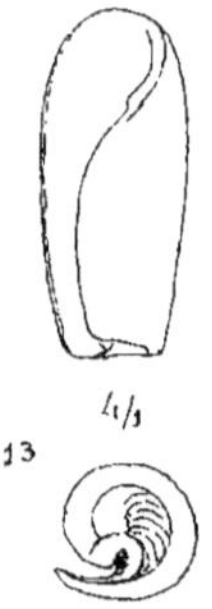

Rapp. et diff. — J'ai déjà indiqué (*loc. cit.*) que ce groupe
pourrait, à la rigueur être séparé de *Bullinella*, mais qu'il paraissait s'y rattacher par des formes intermédiaires; après un nouvel
examen de matériaux provenant de plusieurs terrains et même des
mers actuelles, j'ai acquis la conviction que ces passages graduels sont moins apparents que ceux qui pourraient aussi bien
relier *Cylichnina* à *Bullinella*, et que par conséquent, la séparation
d'une nouvelle Section, pour ces formes à entonnoir apical à peu
près clos, serait plus justifiée que celles dont la perforation se
rétrécit simplement, comme cela a lieu chez *Cylichnina*. J'ai donc
proposé *Cylichnopsis* qui se distingue de *Bullinella* par l'épaississement de la
lèvre calleuse qui forme l'extrémité postérieure du labre, et par l'échancrure
que cette lèvre entaille sur la troncature du sommet.

Fig. 13. — *Cylichna acrotoma*, Cossm.

Répart. stratigr.

    ÉOCÈNE. — Outre l'espèce-type, dans le Claibornien de l'Alabama une espèce
        à sommet moins obturé dans le Bartonien des environs de Paris: *Bulla*
        goniophora Desh., ma coll. ; une autre espèce semi-perforée, dans le Barto-
        nien d'Angleterre: *Bulla anomala* Edw. *mss.*, ma coll.

    PLIOCÈNE. — Une espèce à sommet à peu près clos, dans l'Astien des Alpes-
        Maritimes et d'Italie, coll. de l'École des Mines.

    ÉPOQUE ACTUELLE. — Une espèce bien typique, sur les côtes de la Norwège
        coll. de l'École des Mines.

✻

Seconde Livraison

ANTIPLANES, Dall, 1902.   Type : *Pleurotoma perversa*, Gabb. Pleist.

Coquille tantôt sénestre, tantôt dextre, lisse sauf les stries d'accroissement qui dessinent un sinus écarté de la suture, mais peu
profond; canal un peu large, assez long, faiblement incurvé.

> Diagnose faite d'après un échantillon de l'espèce-type, du Pleistocène de San-
> Pedro, en Californie (Pl. IX, fig. 1-2), ma coll.

Rapp. et diff. — Il n'y a aucune affinité entre cette Section de *Pleurotoma*, et *Sinistrella* qui est une forme sénestre de *Trypanotoma* (V. « Essais », II' livr. p. 110, Pl. VII, fig. 22-23) : en effet, cette dernière a la spire ornée, son canal est très court, et son sinus est à peine visible, plus voisin de la suture. D'autre part, l'espèce de Gabb, qui avait d'abord été rapprochée de *Surcula* à cause de sa surface lisse, s'en éloigne par son sinus écarté de la suture ; c'est donc une Section de *Pleurotoma*, qui se distingue de la forme typique par l'absence d'ornements et de carène sur sa surface, par son canal moins long et moins rectiligne, par la faible entaille du sinus ; ce dernier caractère ne permet pas de confondre *Antiplanes* avec *Hemipleurotoma* qui n'a pas le canal plus long et qui est parfois peu orné, quoique possédant toujours un bourrelet sutural.

Répart. stratigr.

> PLIOCENE. — L'espèce-type dans les couches inférieures de San-Diego (Californie), d'après M. Dall (Proc. of the Nat. Mus., Vol. XXIV, p. 513).
>
> PLEISTOCENE. — La même espèce dans les couches supérieures de San-Pedro (Californie), ma coll.
>
> ÉPOQUE ACTUELLE. — Quatre espèces, aux Iles Aléoutiennes, dans la mer de Behring, sur les côtes de l'Oréjon et de la Californie, d'après M. Dall (*loc. cit.*, pp. 514-515).

*

Troisième Livraison

CANCELLARIA   (= *Exechoptychia* Cossm. 1903).

Observ. — A la page 189 de la cinquième livraison de ces « Essais », j'ai proposé un nouveau Genre *Exechoptychia*, dont le type est une coquille pliocénique de la Floride, décrite par M. Dall sous le nom *Cancellaria Conradi*. Or le type de *Cancellaria s. s.* est l'espèce actuelle : *C. reticulata* Lin., et non pas *C. cancellata*, comme l'indique Herrmanssen (V. « Essais » III, pp. 8-10) ; grâce à la comparaison d'un excellent échantillon de *C. reticulata*, que m'a envoyé M. Dall, j'ai pu constater que cette espèce et *C. Conradi* ne présentent aucune différence générique : la disposition particulière des plis qui a motivé le choix du nom *Exechoptychia* existe identiquement chez *C. reticulata*. Il résulte de là que cette dénomination *Exechoptychia* est complètement synonyme de *Cancellaria s. s.*, dont je n'avais pu précisément figurer aucun plésiotype dans la 3ᵉ livr. des « Essais ». La conséquence, c'est qu'il faut rétablir *Euclia* H. et A. Adams (1853), dont le type (*C. cassidiformis* Sow.) présente quelques différences dans la plication columellaire, de sorte que l'on peut admettre *Euclia* comme Section de *Cancellaria*.

Quatrième Livraison (¹)

SIPHONORBIS, Mörch, 1869.   Type: *Neptunea ebur*, Mörch. Viv.

Observ. — Lorsque j'ai rédigé la quatrième et la cinquième livraison de ces
« Essais », je n'avais pu me faire une opinion sur le classement générique de
Trophon elegans S. Wood, que d'après les figures de la Monographie de cet
auteur; en conséquence, j'ai classé (v. p. 194) cette espèce dans le Genre *Chrysodomus s. s.* Depuis cette époque, M. É. Vincent m'a communiqué un excellent
échantillon de cette coquille, du Crag d'Anvers, ayant sa protoconque intacte
et le canal brièvement tronqué sans apparence de cassure accidentelle; la base
de cet individu, cependant très adulte, ne présente pas le bourrelet caractéristique de *Chrysodomus*; la protoconque, quoique papilleuse, est beaucoup plus
petite; d'autre part, le canal est bien plus court que celui de *Sipho*. Or ce dernier caractère est précisément le critérium sectionnel qui motive la séparation
de *Siphonorbis*: c'est donc à cette Section — qui n'était indiquée que comme
représentée par des coquilles actuelles — qu'il y a lieu de rapporter *T. elegans*.

Répart. stratigr.
> PLIOCÈNE. — Le plésiotype ci-dessus désigné, dans le Crag Scaldisien d'An-
> vers (Pl. IX. fig. 3-4), coll. É. Vincent.

VOLUTOPSIS, a été orthographié *Volutopsius* par Mörch, d'après M. Dall (*Proc.
U. S. Nat. Mus.*, XXIV, p. 523) : mais c'est là un de ces barbarismes que
l'on est autorisé à corriger, ainsi que l'avait fait Fischer d'ailleurs.

PYRULOFUSUS, Beck, *in* Mörch 1869 (¹). Type : *Fusus deformis*, Gray. Viv.

Observ. — Simple nom sans diagnose, appliqué à *Fusus deformis* Gray. M.
Dall (*loc. cit.* p. 523) reprend cette dénomination pour en faire un Sous-Genre
de *Volutopsis*; mais il n'a publié à l'appui aucune figure qui permettre d'apprécier
la valeur de cette subdivision, que j'avais déjà réunie à *Chrysodomus* (V. Essais
IV, p. 97), en rectifiant l'ortographe d'après l'étymologie (*pirus*, poire).

PLICIFUSUS, Dall, 1902.   Type: *Fusus Kroyeri*, Moller. Viv.

Coquille solide, à côtes axiales, bien développées, et à plus faibles
stries spirales; ouverture épanouie, avec une large sinuosité en
arrière du labre; canal ordinairement court et large presque droit.

---

(1) J'ai reçu trop tardivement pour l'analyser ici, un travail de M. Grabau sur la mor-
phologie des *Fusidæ*, dans lequel cet auteur propose un certain nombre de nouvelles
subdivisions que je discuterai dans la sixième livraison.
(2) *Ann. Soc. mal. Belg.*, IV, p. 20.

Observ. — M. Dall en fait (*loc. cit.*) un Sous-Genre de *Chrysodomus*, et il en figure sept espèces behringiennes, dont quelques-unes sont totalement dépourvues de côtes axiales, ce qui tendrait à prouver le peu d'importance générique de ce caractère qui a cependant le choix du nom *Plicifusus*. Ce groupe n'étant pas représenté à l'état fossile, je m'abstiens d'en discuter la valeur.

BERINGIUS, Dall, 1879.   Type : *Chrysodomus crebricostatus*, Dall. Viv.

Coquille grande, à dernier tour très ample, à canal court et large ; protoconque subglobuleuse ; ornementation des tours très variable, depuis les carènes jusqu'aux fines stries spirales, tantôt avec des côtes axiales, tantôt dépourvue de ces côtes.

Observ. — Il est certain, comme le fait remarquer M. Dall (*loc. cit.* p. 524), que l'arrangement, proposé par moi pour la Famille *Chrysodomidæ*, ne coïncide guère avec l'introduction de ces nouvelles subdivisions ; mais il ne me paraît pas possible d'assimiler ces formes de mer froide à nos coquilles éocéniques du Bassin de Paris qui en diffèrent, tout d'abord, par leur taille minuscule. Je maintiens donc mes Genre et Sections : *Parvisipho, Amplosipho, Columbellisipho.* etc., et je me borne à mentionner ici les subdivisions créées pour les coquilles vivantes qui n'ont qu'une ressemblance partielle avec nos fossiles.

*

Cinquième Livraison

TROPHON. — A ajouter (p. 52) :

Observ. — La Sous-Famille *Trophoninæ* a été, antérieurement à la publication de la cinquième livraison de ces « Essais », l'objet d'une révision entreprise par M. Dall (1902. — Illustr. and Desc. of new Shells in the U. S. Nat. Mus.-*Proc.*, vol. XXIV, p. 533) ; mais je n'ai pu tenir compte de ce travail, parce que je l'ai tout récemment reçu, avec deux ans de retard. Dans cette étude, accompagnée de plusieurs planches, l'auteur admet un certain nombre de subdivisions de *Trophon* : *Boreotrophon* et *Trophonopsis*, déjà connus, puis **Actinotrophon** Dall, dont le type est *T. actinophorus* Dall, coquille aussi mince que *Boreotrophon*, mais avec un bourrelet basal qui porte une couronne d'épines circonscrivant l'ombilic ; d'après mes critériums sous-génériques des *Trophoninæ*, c'est donc simplement une Section de *Trophon*, et non pas du S.-G. *Trophonopsis*, auquel se rattache, au contraire, *Boreotrophon*.

M. Dall classe dans le même Genre *Trophon*, comme Section, le Genre *Pagodula* Monterosato (= *Pinon* de Greg.), qui a pour type *Murex vaginatus* Jan (et non pas *B. carinatus* Bivona) ; or j'ai démontré (*loc. cit.*, p. 192) que c'est un *Fusidæ* absolument certain, à classer auprès de *Columbarium*. M. Dall ajoute encore, d'après un Travail de M. de Gregorio dont je n'ai pas eu connaissance

(*Boll. Soc. malac. ital.* 1885, XI, p. 37) : *Chalmon* de Greg., qui paraît synonyme
antérieur de *Trophonopsis* ; **Pirgos** de Greg., dont le type est *T. alveolatus*
Sow., et qui serait une Section de *Trophonopsis* [ne pas confondre *Pirgos* avec
Pyrgus Hubn. 1816, Lépid.] ; enfin *Mipus* de Greg., dont le type est *T. gyratus*
Hinds, et qui est peut-être un *Coralliophila* ou un *Latiaxis*.

En résumé, il n'y aurait à retenir de ce qui précède que les deux dénominations *Actinotrophon* Dall, *Pirgos* de Greg., comme Sections nouvelles de coquilles actuelles, la première de *Trophon*, la seconde de *Trophonopsis*. Quant au
Genre *Kalydon* Hutton, auquel M. Hedley, dans une récente étude sur les
coquilles australiennes, a rapporté *Trophon Paivæ* Crosse, je n'ai aucun élément
pour me faire une opinion sur sa valeur. ni sur le groupe de *Trophoninæ* où il
faut le placer.

EUTRITONIUM, Cossmann, 1904.   Type : *Murex tritonis*, Lin. Viv.

(= *Tritonium, in* Cossm. Essais de Pal. comp., t. V, 1903, p. 90).

Observ. — La dénomination *Tritonium* Link, que j'ai précédemment adoptée
à la place de *Triton*, a été critiquée par un certain nombre de nos confrères,
parce que, — ainsi que je l'avais d'ailleurs observé. — elle a été préemployée
par Muller en 1776. Toute la question revient à décider si les noms de Muller ne
sont pas simplement des noms de liste, n'ayant aucune valeur au point de vue
de la nomenclature binominale, comme je l'ai prétendu. Or, si l'on consulte
l'*Indicis* d'Herrmannsen, on y lit que *Tritonium* a été publié dans un ouvrage
intitulé : « Zool. Dan. prodr., p. XXX », qui s'applique à un Genre de Testacés
univalves et operculés, comprenant la majeure partie des Trachélipodes zoo-
phages de Lamarck, et que ce nom a été repris, dans le même sens, par Fabri-
cius (1780. — Faun. Grœnl.) : il semble donc que *Tritonium* Mull. est une
dénomination régulièrement établie, qui a bien le caractère binominal requis
pour qu'on puisse lui attribuer la priorité, s'il y a lieu.

Dans ces conditions, je ne persiste pas à soutenir qu'il faut reprendre *Tritonium* Link pour *Murex tritonis* Lin. Toutefois, il ne me paraît pas possible
d'adopter, — comme l'a fait encore tout récemment M. Leighton Kesteven (*Proc.
Linn. Soc. N. S. W.* 1902), — le nom *Lotorium* Montf. à la place de *Tritonium*,
attendu que cette dénomination s'applique à une forme bien distincte de
M. tritonis ; on ne peut davantage reprendre *Lampusia* qui est à conserver
comme Sous-Genre également distinct de la forme typique de *Tritonium*. Aussi,
dans le numéro 2 de la *Revue critique de Paléozoologie* (1904, p. 115), ai-je
conclu qu'il fallait nécessairement créer un nom nouveau pour remplacer à la
fois *Triton* et *Tritonium*, et j'ai choisi en conséquence **Eutritonium** qui a
l'avantage de ne pas modifier la désinence des objectifs dénommant les espèces,
ni d'obliger à changer le nom de la Famille *Tritonidæ* en *Lotoriidæ*, comme
avait cru devoir le faire M. Kesteven, ou en *Lampusiidæ*, comme l'avait fait
M. Newton, bien à tort d'ailleurs, puisque les noms des Familles qui ont une
priorité bien acquise, ne doivent pas nécessairement avoir le sort des noms de
Genres tombant en synonymie.

FUSITRITON, Cossm. 1903. — Nouvelle figure d'après un individu intact (Pl. IX, fig. 7), provenant du Pleistocène de San-Diego (Californie).

FASCINUS, Hedley, 1903.   Type : *F. typicus*, Hedley. Viv.

Genre de *Buccinidæ* (*sec. auct.*) voisin de *Hindsia,* mais pleurotomiforme ; protoconque lisse, globuleuse ; tours étagés et ornés d'un élégant treillis ; ouverture arrondie, avec un tubercule dans l'angle inférieur et un canal court, tronqué, faiblement échancré à son extrémité ; labre bordé par une varice ; bord columellaire étroit.

Rapp. et diff. — D'après M. Hedley (*Mem. Aust. Mus.* — Scient. result. Exped. of Thetis), cette coquille, dont le type a été dragué entre 63 et 75 pieds de profondeur, à Port-Kembla (Austr.), est à placer dans les *Buccinidæ,* près de *Hindsia.* Or, comme je l'ai indiqué dans la cinquième livraison (p. 105) de ces « Essais », le Genre *Hindsia* doit être classé dans les *Tritonidæ,* entre *Persona* et *Hilda* ; *Fascinus* n'en est simplement qu'une Section, distincte par sa columelle lisse, par sa spire longue et treillissée. Je ne connais pas de formes fossiles qui puissent en être rapprochées.

UROSYCA, Gabb, 1869.   Type : *U. caudata,* Gabb. Tur.

« Coquille mince, piriforme ; spire médiocrement élevée ; dernier tour grand. Surface transversalement striée ou cancellée. Ouverture large en arrière, étroite et prolongée en avant ; labre simple ; columelle à peine calleuse ; canal long, infléchi et non plissé. »

Diagnose traduite d'après celle de l'auteur (Pal. Calif., t. II., p. 159, Pl. XXVII, fig. 38). Reproduction de la figure de l'espèce-type (Fig. 14).

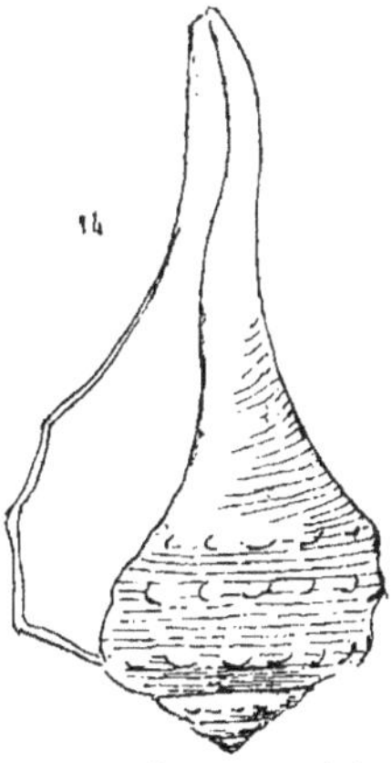

Rapp. et diff. — Le type du Genre de Gabb a tout à fait l'aspect de *Pirula intermedia* Mell., du Paléocène d'Europe. Or, en étudiant le Genre *Pirula* (Essais, V, p. 140), j'ai signalé que M. Sacco avait séparé une Section *Fulguroficus* pour les espèces à spire ornée de nodosités, et j'ai ajouté que cette séparation ne me paraissait pas justifiée, à cause des intermédiaires graduels qu'on trouve entre les coquilles noduleuses et celles simplement carénées. La même observation

Fig. 14. — *Urosyca caudata,* Gabb.

s'applique à *Urosyca* : en tous cas, il y a synonymie complète entre le nom proposé par M. Sacco et la dénomination bien antérieure de Gabb. Le seul intérêt qu'ait cette exhumation, c'est de démontrer que le Genre *Pirula* est beaucoup plus ancien qu'on ne le pensait.

Répart. stratigr.
TURONIEN. — L'espèce-type dans le « Martinez Group » de Californie.

Nota. — Dans une lettre, M. Dall me fait remarquer que j'ai (Essais, 5ᵉ livr. p. 161) remplacé à tort *Cypræa pinguis* Conr. (*non* Bonelli) par une dénomination nouvelle (*C. ventripotens nob.*). Il existait en effet, à l'espèce de Conrad, un synonyme : *C. cetunculus* Heilp., qui a l'antériorité sur *ventripotens*.

2ᵉ DESCRIPTIONS D'ESPÈCES NOUVELLES
Signalées dans la présente livraison.

Dientomochilus Stueri, *nov. sp.*   Pl. IX, fig.5-6.

Taille assez grande ; forme un peu ventrue ; spire médiocrement allongée, à galbe subconoïdal ; tours convexes, à sutures superficielles, dont la hauteur égale la moitié de la largeur ; nombreuses costules axiales, curvilignes, plus proéminentes en avant et surtout au milieu de chaque tour, croisés par des cordons spiraux, dont trois plus écartés et plus saillants au milieu, produisent des crénelures sur les côtes, tandis que les cordonnets de la région inférieure sont plus serrés et onduleux, et que ceux encore plus fins de la région antérieure ne sont guère visibles que dans les interstices des côtes infléchies. Dernier tour un peu inférieur à la moitié de la hauteur totale, arrondi à la base qui n'est excavée que sur le cou ; ouverture étroite, oblique ; labre probablement ailé et variqueux, se prolongeant en arrière, le long d'une étroite gouttière, jusque sur l'avant-dernier tour ; bord columellaire calleux.

Dim. Longueur probable : 60 mill. ; largeur : 30 mill.

Rapp. et diff. — Quoique cette coquille ne soit pas dans un état de conservation satisfaisant, il me paraît intéressant de la décrire, parce qu'elle atteste l'ancienneté crétacique du Genre *Dientomochilus* ; je ne crois pas qu'on puisse le rapporter à un autre Genre de *Strombidæ*, encore moins aux *Apor-rhaidæ* ; c'est surtout sur son ornementation que je me suis guidé pour établir ce rapprochement, car le bord du labre est malheureusement moins intact que les tours de spire, et l'extrémité antérieure de l'ouverture n'existe plus qu'à l'état de moule.

Localité. Condat (Lot-et-Garonne) ; échantillon unique de l'étage Coniacien, appartenant à M. Stuer.

Chenopus (*Phyllochilus*) **Schlumbergeri,** *nov. sp.*   Pl. V, fig. 3 et 5.

Taille moyenne ; forme ventrue, buccinoïde ; spire médiocrement allongée, à galbe d'abord conique au sommet, puis conoïdal ; huit tours, les premiers convexes et spiralement striés, dont la hauteur ne dépasse guère les deux cinquièmes de la largeur, puis bianguleux, l'angle antérieur plus saillant et plus caréné que l'inférieur, avec trois filets minces sur la rampe suprasuturale, deux filets entre les deux angles, et quatre ou cinq filets entre l'angle supérieur et la suture. Dernier tour supérieur aux deux-tiers de la hauteur totale, y compris le rostre antérieur muni de quatre carènes spirales, inégalement bossué en cinq endroits, la dernière bosse en deçà de l'aile étant plus saillante que les autres ; des filets spiraux existent entre les deux angles, comme sur les tours précédents, mais avec d'autres filets encore plus fins, intercalés entre les principaux ; base déclive à peine excavée sur le cou. Ouverture étroite, munie en arrière d'une gouttière anguleuse, terminée en avant par une expansion canaliforme, non creusée, courte, avec une large sinuosité non versante qui la sépare de l'aile ; celle-ci est très palmée, quoique digitée dans le prolongement des quatre carènes au dernier tour et d'un des cordons inférieurs ; les rainures internes, correspondant à ces digitations n'existent que vers l'extrémité et ne se prolonge pas sur la surface palmée qui s'attache à la spire, probablement jusqu'au delà du sommet ; columelle oblique, presque rectiligne ; bord columellaire très mince, mal délimité en arrière, se détachant sur la base et formant en avant une lamelle sinueuse et versante vers le cou, infléchie vers l'ouverture avec le rostre auquel elle se raccorde en se superposant à lui.

Dim. Hauteur totale : 57 mill. ; diamètre avec l'aile ; épaisseur du dernier tour : 24 mill.

Rapp. et diff. — Ce magnifique échantillon, libre et dégagé de sa gangue comme le sont généralement les coquilles tertiaires, est malheureusement privé de l'extrémité de ses digitations, et probablement aussi de l'expansion inférieure de l'aile qui devait faire le tour du sommet, ainsi qu'on l'observe chez les autres *Phyllochilus*. Aussi ce n'est pas sur ces caractères que je m'appuie surtout pour le séparer de *P. polypoda* Buv. qui provient du même étage, mais parce que sa forme est plus élancée et que sa spire est moins courte, plus conique vers le sommet, avec un nombre de tours plus considérable ; en outre, les filets spiraux dont elle est ornée ne présentent pas la même disposition que celle qu'indique la figure de la Planche XXIV, dans l'atlas de la Paléontologie française, par M. Piette. D'autre part, cette figure représente un individu dont l'aile serait munie de onze digitations, parmi lesquelles trois seraient situées en avant de la sinuosité basale, tandis que l'échantillon ci-dessus décrit ne devait pas en avoir plus de sept ou huit, dont une seulement à la base, celle du rostre. Il y a tout lieu de présumer que la figure de Paléontologie française a été restaurée avec trop de luxe quant aux digitations, que l'expansion du rostre a une courbure fantaisiste sur cette figure, que les rainures correspondant aux nervures de l'aile y ont été trop prolongées à l'intérieur de l'aile ; car le dessinateur en a même figuré une à la place de la sinuosité basale, au lieu de la large dépression qu'elle peut seulement produire sur la surface interne de l'aile. C'est pour ces motifs, et afin de rétablir l'exactitude des principaux caractères du Genre *Phyllochilus*, qu'il m'a paru utile de publier une minutieuse diagnose de l'individu en question, qui diffère d'ailleurs spécifiquement de l'espèce-type.

Localité. — Souterrain de Pagny, près Toul (Meurthe), coll. de l'École des Mines ; unique. — Oxfordien supérieur et siliceux.

Chenopus (*Phyllochilus*) **Verneuili** [d'Orb.]   Pl. V, fig. 13 et 15.

1849. *Pterocera Verneuili*, d'Orb. Prod., II, p. 154, 20ᵉ ét. Nᵒ 182.

« Jolie petite espèce, à aile large, costée en travers et digitée, l'aile passant jusqu'à l'extrémité de la spire. »

Taille petite ; forme ovo-piroïde ; spire très courte, en calotte demi-sphérique ; dernier tour occupant les cinq sixièmes de la hauteur totale ; aile extrêmement développée, embrassant toute la coquille et formant un pavillon continu, au milieu duquel l'ouverture n'est indiquée que par une étroite fente cypréiforme, terminée en avant par un rostre court et droit ; sinus assez large et bien échancré entre le rostre et l'expansion ailée du labre qui porte sept nervures équidistantes, probablement terminées par de courtes digitations ; en arrière, le contour de l'aile est échancré par un sinus assez profond, symétrique par rapport au sinus, et au-delà duquel on aperçoit encore quatre nervures courtes sur la région apicale de l'aile ; la région pariétale et basale forme une lamelle peu saillante, dont le contour fait une légère sinuosité avant de raccorder avec le rostre.

Dim. — Hauteur : 15 mill. ; diamètre de l'aile : 13 mill. ; épaisseur du dernier tour : 7 millim.

Rapp. et diff. — Cette remarquable coquille, dont l'aile se ferme complètement, comme celle de *P. speciosus* d'Orb. (*Pterocera*), s'en distingue par sa spire beaucoup plus courte et par son dernier tour plus ventru. Il ne me paraît pas douteux que l'échantillon de la coll. de Verneuil déposé à l'Ecole des Mines, et que je viens de décrire, est bien celui que d'Orbigny avait en vue quand il a dédié l'espèce à ce savant, dans le Prodrome, avec la courte diagnose reproduite ci-dessus entre guillemets.

Localité. Le Mans, carrière des Percés (21 mai 1844), coll. de l'Ecole des Mines. — Cénomanien.

Columbellina Verneuili, *nov. sp.*   Pl. III, fig. 25 et 26.

Taille moyenne, forme fusoïde, biconique, comprimée dans le sens transversal : spire peu allongée, étagée, pointue au sommet, à galbe conique ; environ huit tours étroits, d'abord lisses et convexes puis costulés et subanguleux en arrière, séparés par des sutures linéaires, ornés, — outre les côtes axiales, régulièrement écartées, étroites, se succédant d'un tour à l'autre, — de fines stries très serrées. Dernier tour un peu supérieur à la moitié de la hauteur totale, assez ventru, fortement caréné en arrière, portant des nodules épineux sur la carène, avec une rampe excavée au-dessous de celle-ci ; base déclive, peu convexe, excavée vers le cou, paraissant dépourvue de la même ornementation que la spire. Ouverture squalène, portant une gouttière profondément creusée dans la saillie du bord qui correspond à la carène du dernier tour, et une autre gouttière plus superficielle en arrière, sur l'avant-dernier tour ; canal antérieur ; labre dilaté et sinueux, épais et lisse à l'intérieur, un peu réfléchi à l'extérieur, se raccordant autour de la gouttière postérieure avec le bord opposé ; columelle lisse, à peine excavée ; bord columellaire large, très calleux, presque détaché, non ridé.

Dim. Longueur : 25 mill. ; diamètre à la carène : 15 mill. ; diamètre transversal : 11 millim.

Rapp. et diff. — Cette intéressante coquille, non décrite dans le Mémoire de Verneuil et de Lorière, sur le Néocomien supérieure d'Utrillas, se distingue des autres *Columbellina* infracrétaciques par sa double gouttière moins prolongée en arrière, par son labre moins épais, rétrécissant moins l'ouverture, par son ornementation effacée sur le dernier tour. Le canal antérieur n'est malheureusement pas intact sur le spécimen-type, et sa cassure pourrait faire croire qu'il est profondément échancré sur le cou ; mais les stries d'accroissement de la surface dorsale démentent cette hypothèse, car elles aboutissent directement à l'extrémité antérieure, sans aucune trace de sinuosité, ce qui prouve que l'échancrure en question est bien accidentelle.

Dans sa Monographie de l'étage Aptien d'Espagne (1865), Coquand a décrit *Aporrhais affinis* qui provient du même gisement que notre espèce, et qu'il compare à *Chenopus Dupinianus* d'Orb. ; mais l'espèce de Coquand a le dernier tour très caréné, et les autres tours de spire anguleux au milieu ; elle est d'ailleurs en mauvais état de conservation, et même s'il y avait identité, il serait difficile d'y reconnaître *C. Verneuili* Cossm.

Localité. Morella (Espagne), dans les couches aptiennes ; coll. de Verneuil, à l'Ecole des Mines.

TABLE ALPHABÉTIQUE

DES

FAMILLES, GENRES, SOUS-GENRES, ETC.

Les noms en italiques sont ceux des synonymes.

TABLE ALPHABÉTIQUE DES NOMS D'ESPÈCES

CITÉES DANS LA SIXIÈME LIVRAISON.

Les noms en italiques sont ceux des synonymes ; le premier nom entre parenthèses est celui sous lequel l'espèce est repérée dans nos tableaux stratigraphiques, le second nom générique en italiques est celui sous lequel l'auteur a établi l'espèce, quand ce nom générique diffère du premier.

TABLE ANALYTIQUE DES FAMILLES

ÉTUDIÉES DANS LES SIX PREMIÈRES LIVRAISONS (¹)

OPISTHOBRANCHIATA

(1) Cette table facilitera les recherches, sans que le lecteur soit obligé d'attendre l'achèvement de la Classe des Gastropodes.

NUCLEOBRANCHIATA

ENTOMOTÆNIATA

PULMONATA (*Thalassophila*)

PROSOBRANCHIATA

PECTINIBRANCHIATA

CHATEAUROUX

IMPRIMERIE LANGLOIS

110, RUE GRANDE, 110

PLANCHE 1

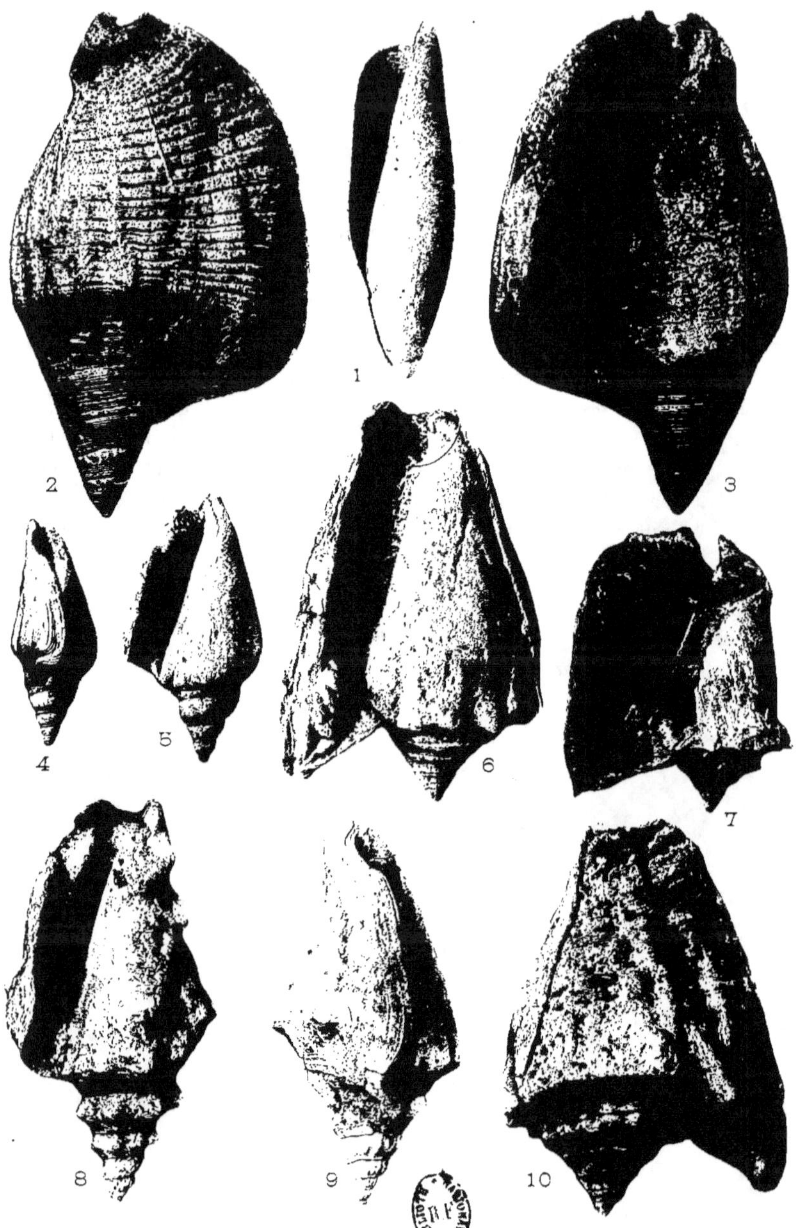

PLANCHE II

Clichés et Phototypie Sohier & Cie, à Champigny-sur-Marne

PLANCHE III

1-2. ROSTELLARIA (*Calyptrophorus*) VELATA, Conr.	Grand. natur.	Eoc.
3. ROSTELLARIA (*Calyptrophorus*) TRIXODIFERA, Conr.	id.	Eoc.
4. TEREBELLUM FUSIFORME, Desh.	id.	Eoc.
5-6. RIMELLA (*Cyclomolops*) SUBLÆVIGATA [d'Orb.].	id.	Eoc.
7. ROSTELLARIA (*Wateletia*) GEOFFROYI, Watelet.	Réduit à 1/2.	Eoc.
8. DIENTOMOCHILUS (*Digitolabrum*) BOUTILLIERI [Bez.].	Grand. natur.	Eoc.
9-12. TEREBELLUM (*Diameza*) MEDIUM [Desh.].	Gr. 3 fois.	Eoc.
13-14. DIENTOMOCHILUS (*Digitolabrum*) PRINCEPS [Vass.].	Grand. natur.	Eoc.
15-16. RIMELLA FISSURELLA [Lamk.].	Grand. natur.	Eoc.
17-18. DIENTOMOCHILUS (*Eclinochilus*) CANALIS [Lamk.].	Gr. 2 fois.	Eoc.
19. ROSTELLARIA LUCIDA, Sowerby.	Gr. 1 fois et 1/2.	Eoc.
20. RIMELLA ? MIRABILIS [Desh.].	Grand. natur.	Eoc.
21. DIENTOMOCHILUS ORNATUS [Desh.].	Gr. 2 fois.	Eoc.
22-23. DIENTOMOCHILUS DECUSSATUS [d'Orb.].	Grand. natur.	Mioc.
24. DICROLOMA TRIFIDUM [Phillips].	id.	Oxf.
25-26. COLUMBELLINA VERNEUILI, Cossm.	id.	Apt.

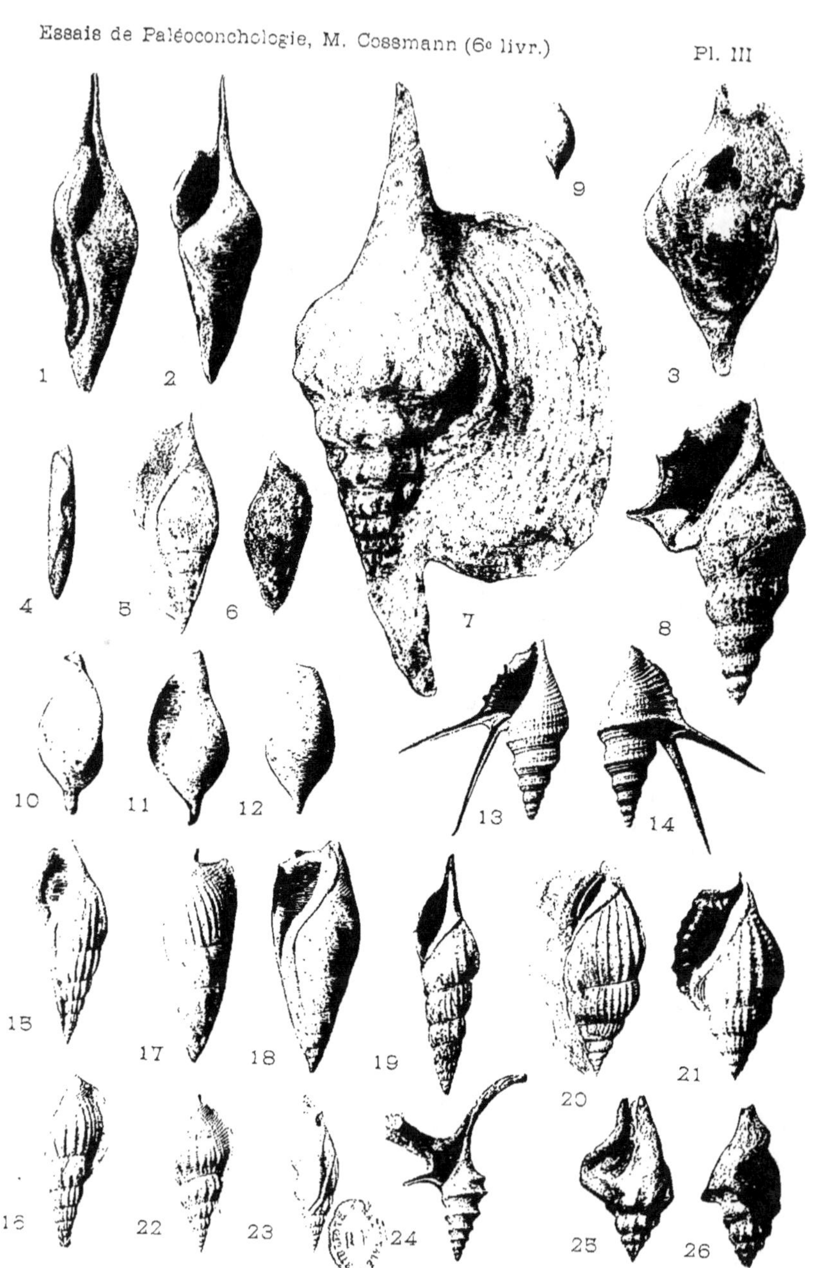

PLANCHE IV

<table>
<tr><td>1.</td><td>Dicroloma (Pielleia) seminudum [Héb. et Desl.].</td><td>Grand. natur.</td><td>Call.</td></tr>
<tr><td>2.</td><td>Chenopus (Cyphosolenus) tetracer [d'Orb.]</td><td>id.</td><td>Séq.</td></tr>
<tr><td>3.</td><td>Chenopus pespelicani [Linné].</td><td>id.</td><td>Plioc.</td></tr>
<tr><td>4.</td><td>Chenopus (Phyllochilus) polypoda (Buv.).</td><td>id.</td><td>Oxf.</td></tr>
<tr><td>5.</td><td>Chenopus pesgraculi, Phil.</td><td>id.</td><td>Plioc.</td></tr>
<tr><td>6-7.</td><td>Chenopus (Monocyphus) camelus, Piette</td><td>id.</td><td>Bath.</td></tr>
<tr><td>8-9.</td><td>Chenopus (Maussenetia) Staadti, Cossm.</td><td>id.</td><td>Paléoc.</td></tr>
<tr><td>10.</td><td>Chenopus (Drepanochilus) calcaratus [Sow.].</td><td>Gr. 2 fois.</td><td>Cén.</td></tr>
</table>

PLANCHE V

<table>
<tr><td>1-2.</td><td>CHENOPUS (Drepanochilus) CALCARATUS (Sow.).</td><td>Gr. 2 fois.</td><td>Cén.</td></tr>
<tr><td>3-5.</td><td>CHENOPUS (Phyllochilus) SCHLUMBERGERI, Cossm.</td><td>Grand. natur.</td><td>Oxf.</td></tr>
<tr><td>4.</td><td>CHENOPUS (Cyphosolenus) DIONYSEUS [Buv.].</td><td>id.</td><td>Port.</td></tr>
<tr><td>6-7.</td><td>CHENOPUS (Arrhoges) ANALOGUS, Desh.</td><td>Gr. 2 fois.</td><td>Paléoc.</td></tr>
<tr><td>8-9.</td><td>RIMELLA (Strombolaria) CRUCIS [Bayan].</td><td>Grand. natur.</td><td>Eoc.</td></tr>
<tr><td>10.</td><td>TEREBELLUM (Mauryna) PLICIFERUM, Bayan.</td><td>id.</td><td>Olig.</td></tr>
<tr><td>11.</td><td>CHENOPUS (Quadrinervus) SEQUANICUS, Cossm.</td><td>Gr. 2 fois.</td><td>Séq.</td></tr>
<tr><td>12.</td><td>CHENOPUS (Helicaulax) ORNATUS [d'Orb.].</td><td>Grand. natur.</td><td>Tur.</td></tr>
<tr><td>13-15.</td><td>CHENOPUS (Phyllochilus) VERNEUILI, Cossm.</td><td>Gr. 2 fois.</td><td>Cén.</td></tr>
<tr><td>14.</td><td>CHENOPUS (Drepanochilus) CALCARATUS [Sow].</td><td>id.</td><td>Cén.</td></tr>
<tr><td>16-20.</td><td>CHENOPUS (Aræodactylus) PLATEAUI [Cossm.].</td><td>Grand. natur.</td><td>Paléoc.</td></tr>
<tr><td>17-19.</td><td>DIARTEMA PARADOXUM [Desl.].</td><td>Gr. 1 fois 1/2.</td><td>Bath.</td></tr>
<tr><td>18.</td><td>DICROLOMA LORIEREI [d'Orb.].</td><td>Grand. natur.</td><td>Baj.</td></tr>
</table>

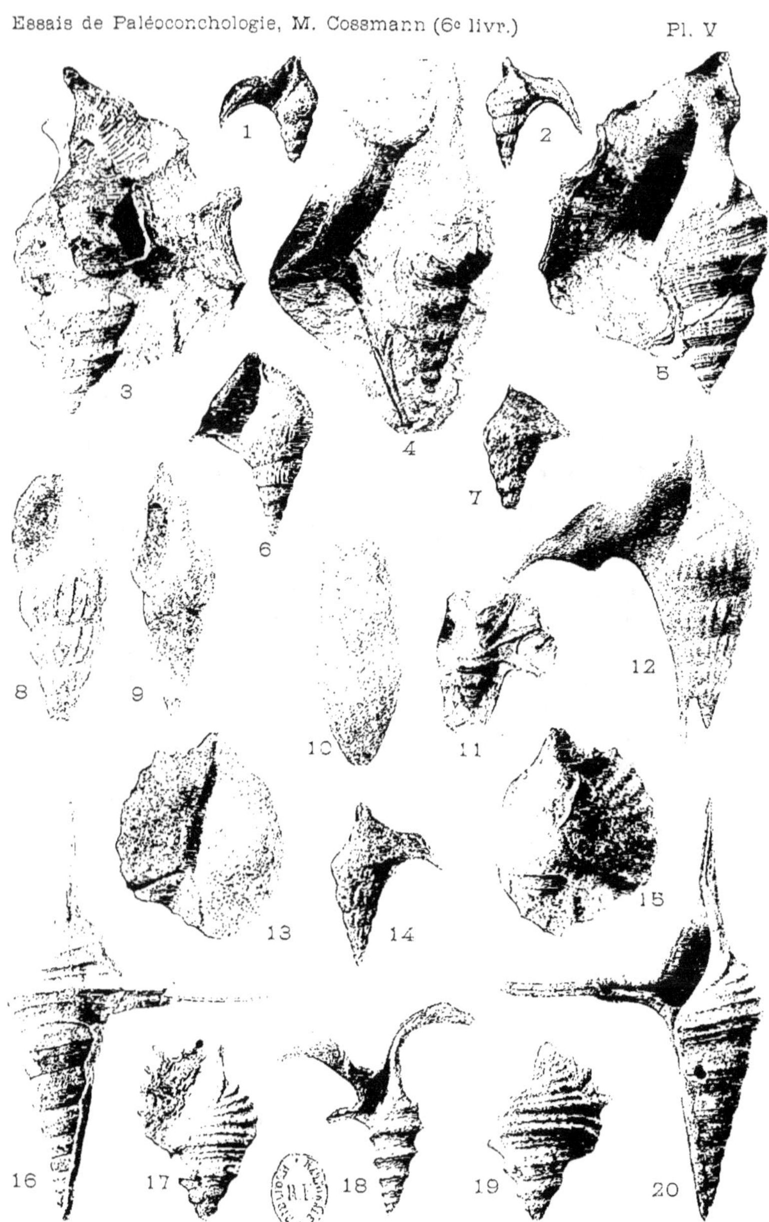

PLANCHE VI

1.	DICROLOMA MYURUS [Desl.].	Grand. natur.	Baj.
2.	CHENOPUS (*Tessarolax*) RETUSUS (Sow.).	id.	Alb.
3.	ANCHURA (*Perissoptera*) MARGINATA [Sow.].	id.	Alb.
4-6.	ROSTELLARIA (*Sulcogladius*) COLLEGNOI, Bell. et Mich.	id.	Mioc.
5.	DICROLOMA (*Tridactylus*) ARACHNOIDES [Muller	Gr. 2 fois.	Emsch.
7.	HARPAGODES ICAUNENSIS [Cotteau].	Grand. natur.	Portl.
8-9.	ANCHURA CARINATA [Mantell].	id.	Alb.
10.	DICROLOMA (*Tridactylus*) NILSSONI [Muller].	Gr. 2 fois.	Emsch.
1-12.	CHENOPUS (*Drepanochilus*) EVANSI, Cossm.	Grand. natur.	Sén.

PLANCHE VII

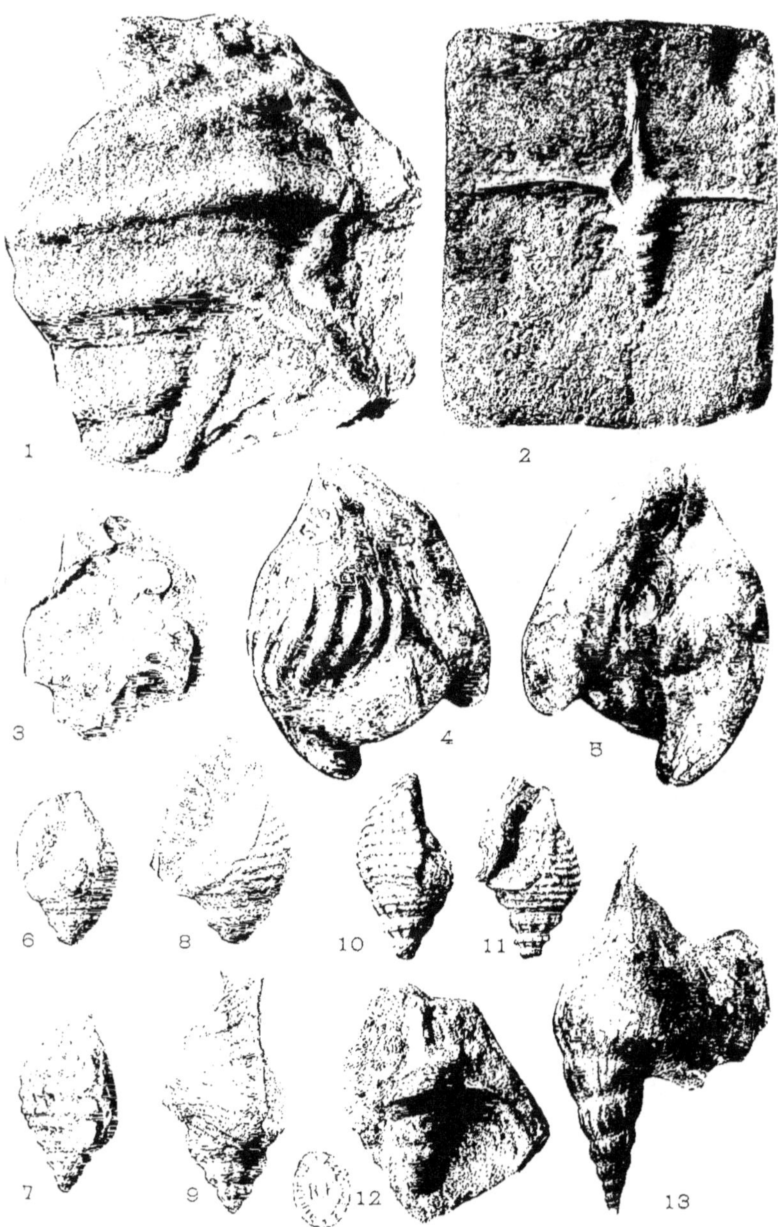

Clichés et Phototypie Sohier & Cⁱᵉ, à Champigny-sur-Marne

PLANCHE VIII

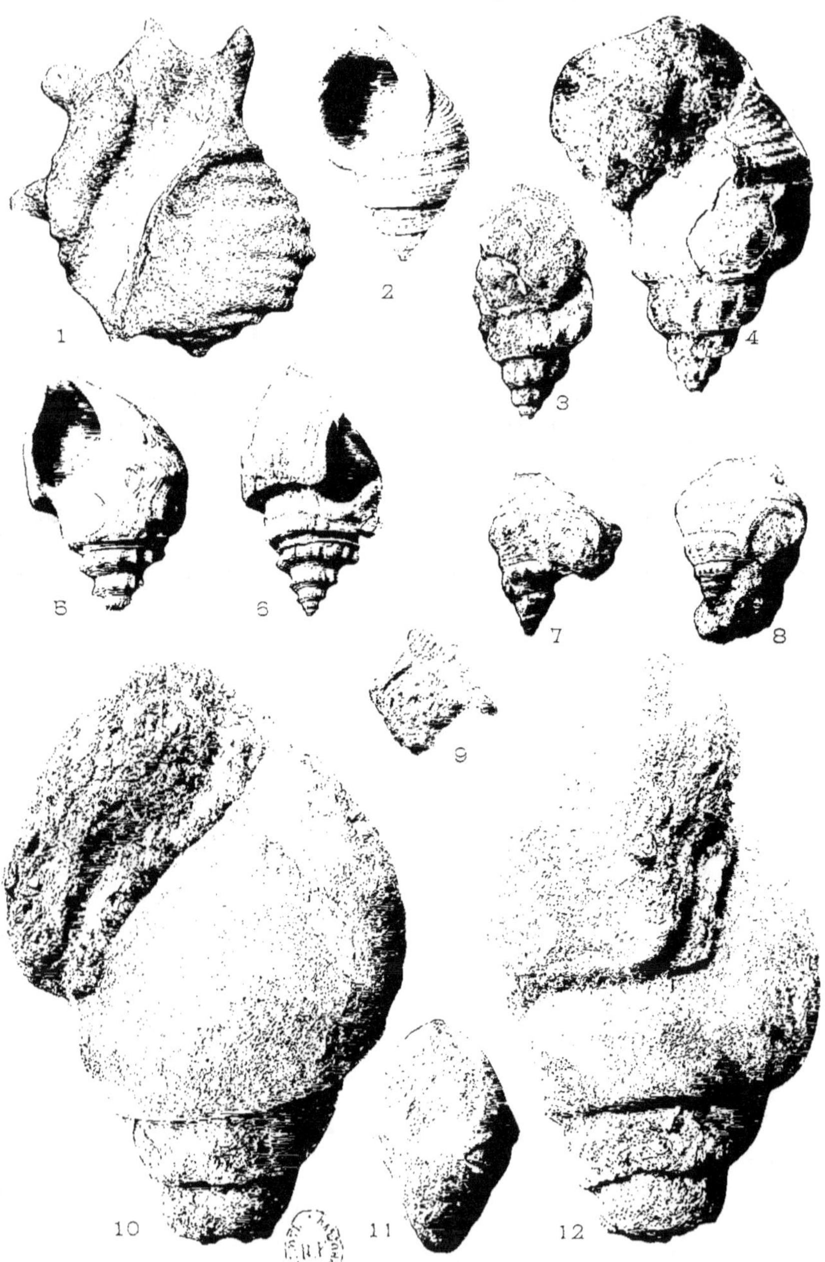

PLANCHE IX

1-2. Pleurotoma (*Antiplanes*) perversa, Gabb.   Grand. natur.   Pleist.
3-4. Chrysodomus (*Siphonorbis*) elegans [Wood].   id.   Plioc.
5-6. Dientomochilus Stueri, Cossm.   id.   Sén.
  7. Priene (*Fusitriton*) oregonensis, Redf.   id.   Pleist.
8-9. Actæonidea (*Rictaxis*) punctocœlata [Carp.].   Gr. 2 fois.   Pleist.

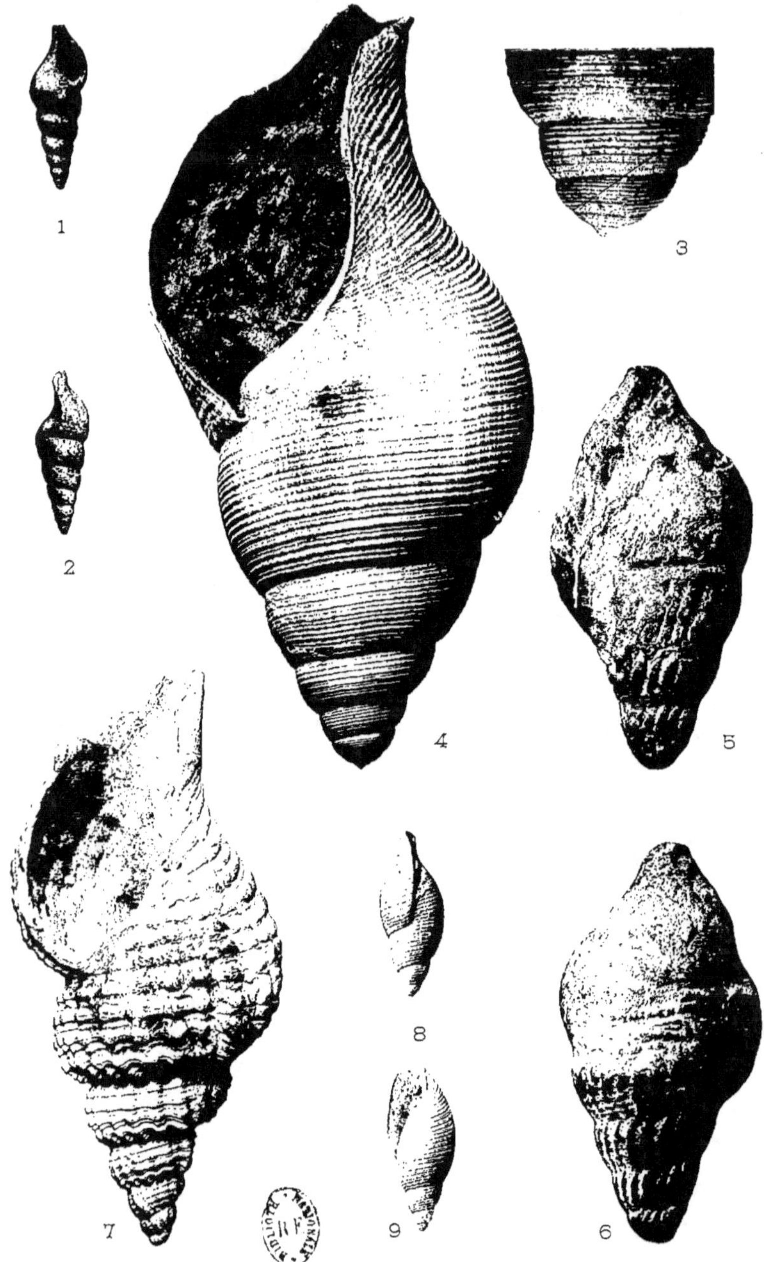